高等职业教育物联网专业任务引领项目式系列教材

C语言程序设计基础

主 编 马 力

副主编 程 丽 王元伟 刘玉兴

科学出版社

北 京

内 容 简 介

本书以程序开发的实际工作过程为基础，采用任务引领项目的方式重组教学内容，将“贪吃蛇小游戏”总项目的开发实施分为 9 个相对独立的项目，把 C 语言的基本语法、语句理论知识贯穿于每个项目中，通过项目的实施，读者可掌握 C 语言程序设计的理论知识和程序设计技能。全书 9 个项目既相对独立，又遵循知识的连续性，贯穿了 C 语言基础知识、算法、C 语言程序的控制结构、数组与指针、函数、结构体与共用体、文件操作等相关内容。

本书可作为高职高专物联网专业基础课程的教材，也可作为程序设计爱好者的参考书。

图书在版编目（CIP）数据

C 语言程序设计基础/马力主编. —北京：科学出版社，2021.9
（高等职业教育物联网专业任务引领项目式系列教材）
ISBN 978-7-03-065565-3

Ⅰ. ①C… Ⅱ. ①马… Ⅲ. ①C 语言-程序设计-高等职业教育-教材
Ⅳ. ①TP312.8

中国版本图书馆 CIP 数据核字（2020）第 106217 号

责任编辑：冯 涛 杨 阳 吴超莉 / 责任校对：赵丽杰
责任印制：吕春珉 / 封面设计：许贻琼

科学出版社 出版
北京东黄城根北街 16 号
邮政编码：100717
http://www.sciencep.com
新科印刷有限公司 印刷
科学出版社发行 各地新华书店经销
*
2021 年 9 月第 一 版 开本：787×1092 1/16
2021 年 9 月第一次印刷 印张：12 3/4
字数：302 000

定价：42.00 元

（如有印装质量问题，我社负责调换〈新科〉）
销售部电话 010-62136230 编辑部电话 010-62137026

编写委员会

主　编　马　力

副主编　程　丽　王元伟　刘玉兴

参　编　曹天人　唐中剑　杨仕芳　王泽芳　王建中

前　言

C 语言是一种计算机程序设计语言。它既有高级语言的特点，又有汇编语言的特点。它可以作为系统设计语言，编写工作系统应用程序；也可以作为应用程序设计语言，编写不依赖计算机硬件的应用程序。因此，C 语言程序设计成为理工科专业必修的专业基础课程。

本书在选取内容时，注重针对性和适用性相结合，在实现课程目标的前提下，把提高学生的程序设计能力作为核心，重在打牢 C 语言语法和结构基础。本书将课程内容细分为 9 个相对独立的项目。项目 1 为编写显示游戏标题的程序，项目 2 主要介绍程序设计中的数据应用及运算规则，项目 3 主要介绍程序设计中顺序、选择结构的使用，项目 4 主要介绍程序设计中循环结构的使用，项目 5 主要介绍将蛇身和食物的坐标位置存储到二维数组中，项目 6 主要介绍通过函数随机产生食物的位置，项目 7 主要介绍改变蛇头的坐标实现控制蛇头的运动，项目 8 主要介绍用定义蛇身的结构体存储蛇身坐标，项目 9 主要介绍文件在程序设计中的应用。

本书具有以下特色。①项目引领，任务驱动。本书以项目案例作为知识点的导入，采用游戏开发的方式进行引导，强调理论与实践相结合，注重编程实训及培养读者的综合应用能力和软件开发能力。②案例典型，富于启发。书中精选的案例类型丰富，具有代表性。例程极富启发性，能激发读者积极思考，并寻求解决问题的新方法。③代码规范，风格一致。④资源丰富，有利于读者巩固提高所学知识。为了帮助读者学习和巩固 C 语言理论知识，书中每章都附有习题。通过这些习题，读者可以加深理解程序设计的基本思想，掌握编程的基本方法和技巧，提高程序设计能力。另外，本书配有微课，读者可扫码学习相关内容。

本书由马力担任主编，由程丽、王元伟、刘玉兴担任副主编。具体编写分工如下：项目 1～项目 5 由马力编写，项目 6 和项目 7 由程丽编写，项目 8 和项目 9 由王元伟、刘玉兴编写，曹天人、唐中剑、杨仕芳、王泽芳、王建中完成了教学程序的设计、实施及统稿、校稿等工作。

尽管编者以高度的责任心和百倍的努力投入本书的编写工作中，但由于学识水平所限，书中难免存在疏漏和不妥之处，恳请广大读者批评指正。

目　　录

项目 1

编写显示游戏标题的程序

学习目标

1. 掌握 C 语言程序的特点。
2. 掌握 C 语言程序的基本构成。
3. 熟悉 C 语言开发环境。
4. 熟悉 C 语言的符号系统。
5. 能运用 C 语言编写显示程序。

工作描述

显示“贪吃蛇小游戏”标题

应用 C 语言编写一个显示“贪吃蛇小游戏”标题的简单程序。显示结果如图 1-0-1 所示。

图 1-0-1　“贪吃蛇小游戏”标题显示结果

参考程序如下：

```
#include <stdio.h>
main()
```

```
    {
        printf("\n   贪吃蛇小游戏   \n");
        printf("提示：按 W 控制向上运动，按 D 控制向右运动，按 S 控制向下运动，按 A 控制向左运动。\n");
        return 0;
    }
```

这段代码是一个简单的 C 语言程序，它的功能是输出相应的字符到屏幕上，输出结果如图 1-0-1 所示。

输出功能是通过 printf( )函数实现的，双引号内的所有内容原样输出。注意：双引号和结尾处分号均为英文中的半角字符。

C 语言作为一种高级程序设计语言，使人和计算机之间的沟通变得更加简单，初学者只需要掌握 32 个关键字和 9 种控制语句便可快速上手。但再简单的编程语言，也必须遵循既定的规则和编程规范，这样编译器才能将高级语言转换为计算机能够执行的指令。因此，初学者首先应该掌握 C 语言程序设计的开发环境、基本过程和结构、符号系统等知识，然后就可以开始编写简单的程序了。

1.1 计算机语言与程序设计

1.1.1 计算机语言

动物之间的交流依靠动物的语言，人类之间的交流依靠人类的语言。计算机之间的通信用的是计算机语言。计算机语言可以归纳为机器语言、汇编语言和高级语言三类。

1. 机器语言

机器语言（machine language）是计算机硬件系统可识别的二进制指令构成的程序设计语言，如图 1-1-1 所示。机器语言是面向机器的语言，与特定的计算机硬件设计密切相关，因机器而异，可移植性差。机器语言的优点是机器能够直接识别、执行速度快；缺点是记忆、书写、编程困难，可读性差且容易出错，因此产生了汇编语言（assemble language）。

```
10101011
11100101
01100101
10010110
```

图 1-1-1 机器语言

2. 汇编语言

汇编语言是一种用助记符号表示二进制机器指令的程序设计语言。如图 1-1-2 所示，把 100H 单元中的内容移到 AX 寄存器中；然后把 AX 寄存器中的值和 BX 寄存器中的值相加，存入 BX 寄存器；最后把 BX 寄存器中的值移到地址 1000H 中。

```
MOV    AX, 100H
ADD    BX, AX
MOV    [1000H], BX
HLT
```

图 1-1-2　汇编语言

汇编语言也是一种直接面向计算机硬件的低级语言，但计算机不能直接执行汇编语言程序，必须将汇编语言程序翻译成机器语言程序后才能在计算机上执行。从机器语言到汇编语言是计算机语言发展史上里程碑式的进步。

3. 高级语言

高级语言（high-level language）是一种用接近自然语言和数学语言的语法、符号描述基本操作的程序设计语言。如图 1-1-3 所示，程序定义了 a、b、x 三个变量，把 6 和 9 分别赋给 a 和 b，将 a 和 b 相加的值赋给 x，最后输出结果，也就是 x 的值。整个程序类似数学语言，接近自然语言。

```
main( )
{ int a, b, x;
   a=6; b=9;x=a+b;
  printf(" a+b= %d\n", x);
}
```

图 1-1-3　高级语言

高级语言符合人类的逻辑思维方式，简单易学。目前常见的高级语言有 Visual Basic、Java、C、C++、C#、Delphi 等。用高级语言编写的程序通常称为源程序，而由二进制的“0”“1”代码构成的程序称为目标程序。用高级语言编写的程序，计算机同样不能直接执行，要用翻译程序将其转换成目标程序后才能执行。例如，用 C 语言编写的程序，必须先经 C 编译系统翻译成目标程序，再链接成可执行文件后才能执行。

1.1.2　程序设计

用计算机解决一个实际应用问题时的整个处理过程称为程序设计。

程序设计的一般过程如图 1-1-4 所示。

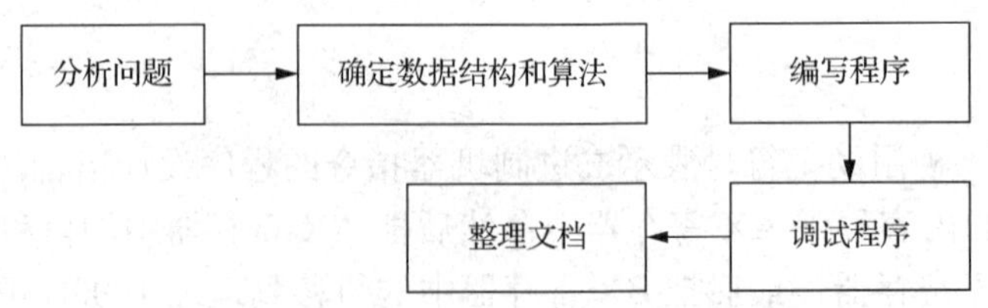

图 1-1-4　程序设计的一般过程

1. 分析问题

按照任务所提出的要求，对要处理的任务进行调查分析，明确要实现的功能，并选择合适的解决方案。要分析哪些是原始数据、原始数据从哪里来，要如何加工处理数据，结果如何输出等，从而确定和设计数据的组织方式，即数据结构。

2. 确定数据结构和算法

算法是解决某一应用问题而采用的解题步骤。描述算法的方法有自然语言、流程图、N-S 结构图等。

（1）用自然语言描述算法

第一步：输入 x 和 y 的值。

第二步：比较 x 和 y 的值，如果 x 大于 y，则输出 x 的值，否则输出 y 的值。

用自然语言描述算法易于理解，但冗长，不够精确，难于描述复杂算法。

（2）用流程图描述算法

流程图是用几种图形、箭头和文字说明来表示算法的框图，如图 1-1-5 所示。其中，菱形框两侧的 Y 和 N 分别表示“是”（yes）和“否”（no）。

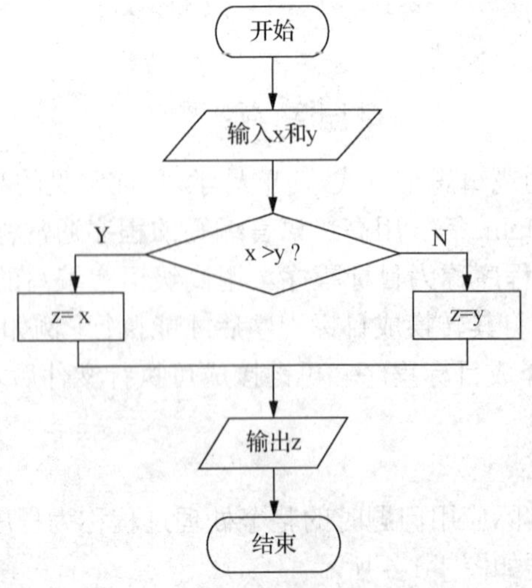

图 1-1-5　用流程图描述算法的示意图

从流程图描述算法的示意图可以看到，流程图的优点是形象直观、通俗易懂，是描述算法的一种很好的工具。尤其是对于较复杂的问题，流程图能将设计者的思路清楚地表达出来。

流程图一般由以下规定使用的基本框图组成，如图 1-1-6 所示。

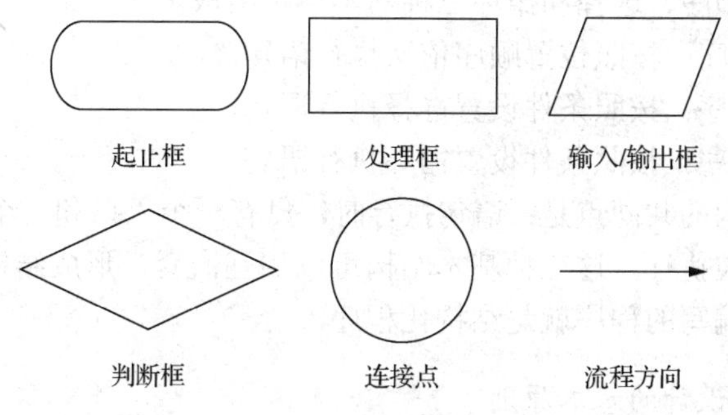

图 1-1-6　流程图基本框图

（3）用 N-S 结构图描述算法

用 N-S 结构图描述算法的示意图如图 1-1-7 所示。

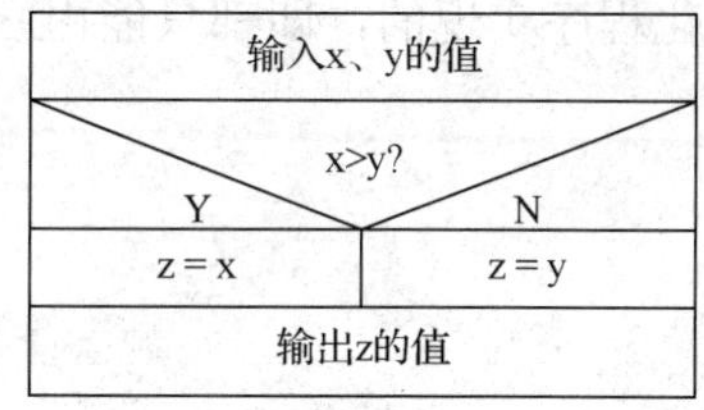

图 1-1-7　用 N-S 结构图描述算法的示意图

3. 编写程序

根据以上确定的算法，用某种计算机语言实现这种算法，就是编写源程序。

4. 调试程序（运行调试）

对于复杂的问题并不是将程序编出来就能使用的，要经过多次排错、调试及试运行，才可能得到能正确运行的程序。

5. 整理文档

程序调试通过后，应该整理资料，编写程序使用说明书及程序所要求的软硬件环境等技术性文档。

1.1.3　结构化程序设计

1. 流程图的基本结构

流程图一般由顺序、选择和循环三种基本结构组成。

1）顺序结构程序：按照位置顺序依次执行语句。

2）选择结构程序：按照条件设置选择执行语句。

3）循环结构程序：按照条件设置循环执行语句。

这三种基本结构的共同点是：语句执行时，只有一个入口和一个出口，结构内的每一个语句都有机会被执行。这三种基本结构可以相互嵌套，形成结构化的程序流程图，由结构化的流程图编写的程序就是结构化程序。

2. 结构化程序设计的基本原则

1）采用自顶向下、逐步细化的方法进行设计。

2）采用模块化原则和方法进行设计，即将大型任务从上向下划分为多个功能模块，每个模块又可以划分为若干子模块，然后分别进行模块程序的编写。

3）每个模块都是用结构化程序实现的，即都只能由三种基本结构组成，并通过计算机语言的结构化语句实现。

1.1.4　C 语言开发环境

1. 安装 Dev-C++

1）双击安装包并加载，如图 1-1-8 所示。

图 1-1-8　双击安装包并加载

2）在图 1-1-9 的下拉列表框中选择“English”选项，单击“OK”按钮。

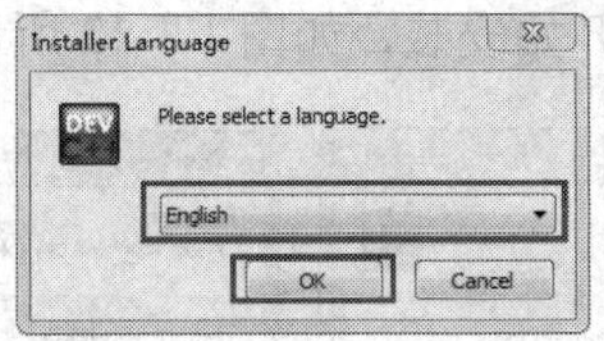

图 1-1-9　选择语言

3）单击“I Agree”按钮，如图 1-1-10 所示。

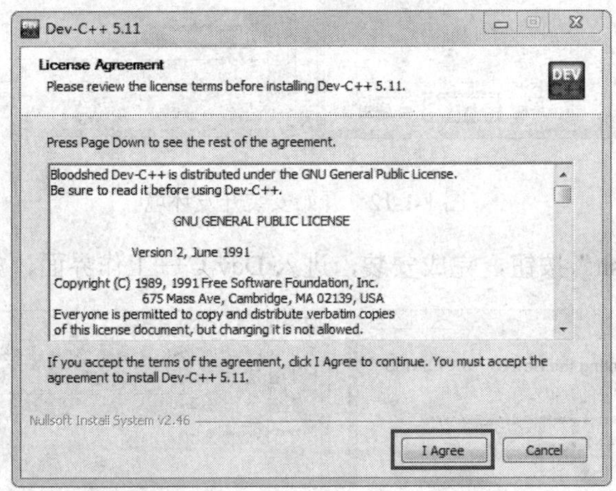

图 1-1-10　单击“I Agree”按钮

4）单击“Next”按钮，如图 1-1-11 所示。

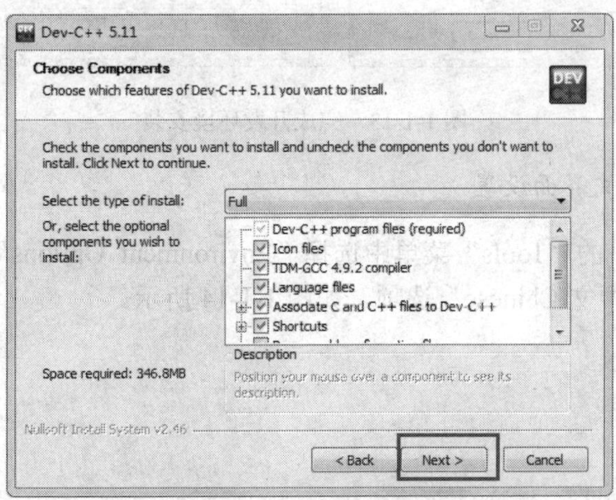

图 1-1-11　单击“Next”按钮

5）单击“Install”按钮，开始安装，如图 1-1-12 所示。

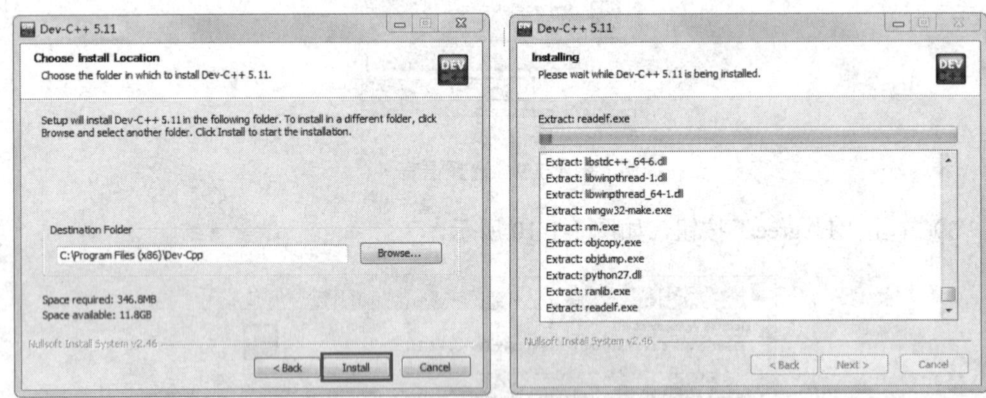

图 1-1-12　开始安装开发环境

6）单击“Finish”按钮，完成安装，进入 Dev-C++工作界面，如图 1-1-13 所示。

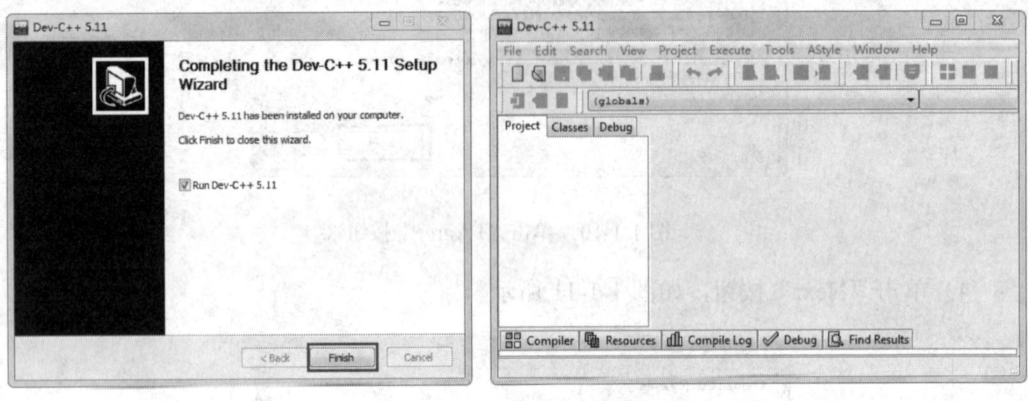

图 1-1-13　完成开发环境安装

2. Dev-C++中文界面设置

1）在 Dev-C++的“Tools”菜单中选择“Environment Options”选项，在弹出的对话框中选择“简体中文/Chinese”选项，如图 1-1-14 所示。

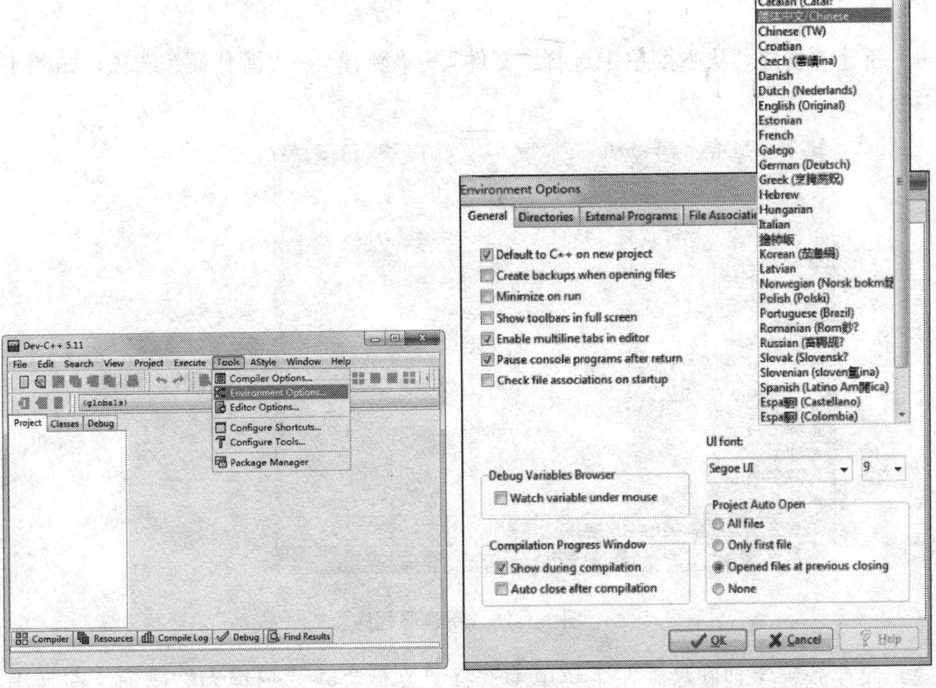

图 1-1-14　中文界面设置

2）Dev-C++中文界面设置完成，如图 1-1-15 所示。

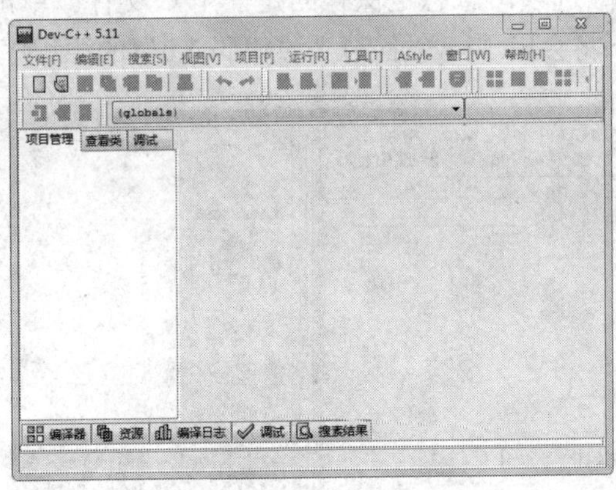

图 1-1-15　设置完成的中文界面

3. 编译运行源程序

1）新建源程序，从主菜单中选择“文件”→“新建”→“源代码”选项，如图 1-1-16 所示。

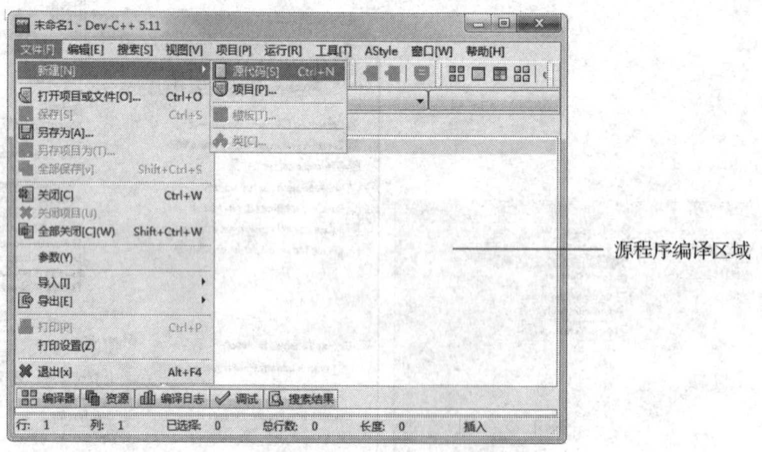

图 1-1-16　新建源程序

2）保存源程序到硬盘。在主菜单中选择“文件”→“另存为”选项，在弹出的对话框中指定文件要存放的目录（此处为“D:\源代码”）、文件名（此处为“源代码 1”）及保存类型，如图 1-1-17 所示。需要注意的是，在“保存类型”下拉列表框中一定要选择“C source files(*.c)”选项，意思是保存的是一个 C 文件。单击右下角的“保存”按钮后，在指定的目录下将会出现一个名为“源代码 1.c”的源程序文件。

图 1-1-17　保存源程序

3）在程序编辑区域中编辑源程序，如图 1-1-18 所示。

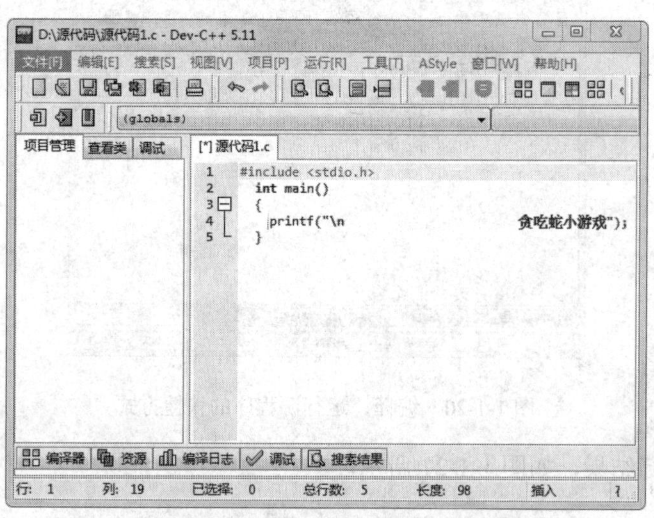

图 1-1-18　编辑源程序

4）编译、运行源程序。从主菜单中选择“运行”→“编译”选项或按快捷键 Ctrl+F9，可以一次性完成程序的预处理、编译和链接过程。再选择“运行”选项或按快捷键 Ctrl+F10 可以输出运行结果，如图 1-1-19 所示。

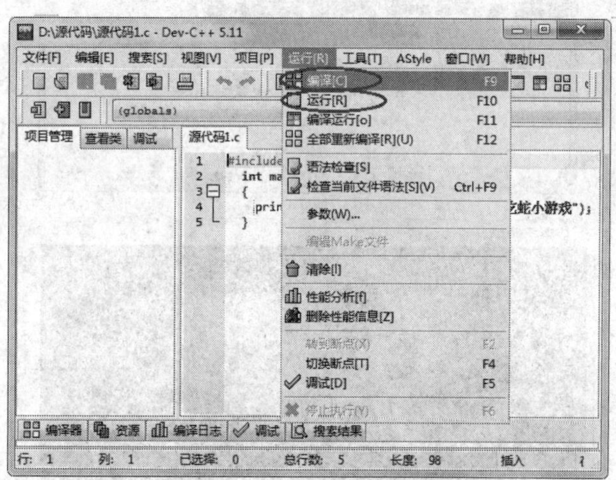

图 1-1-19　编译、运行源程序

也可单击工具栏中的“编译运行”按钮或按快捷键 F9，一次性完成编译、运行，如图 1-1-20 所示。

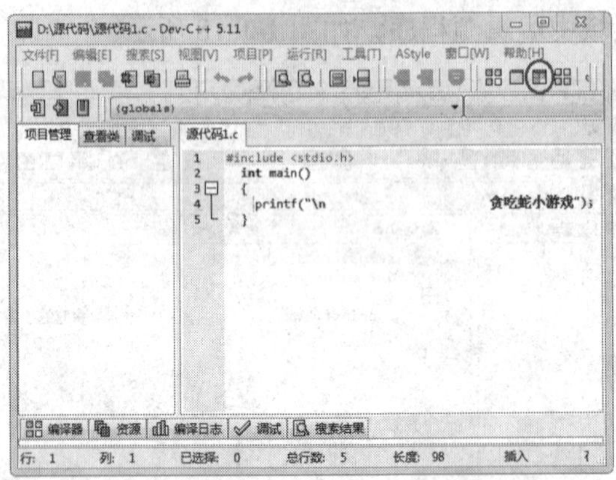

图 1-1-20　编译、运行源程序的快捷方式

5）输出运行结果，如图 1-1-21 所示。

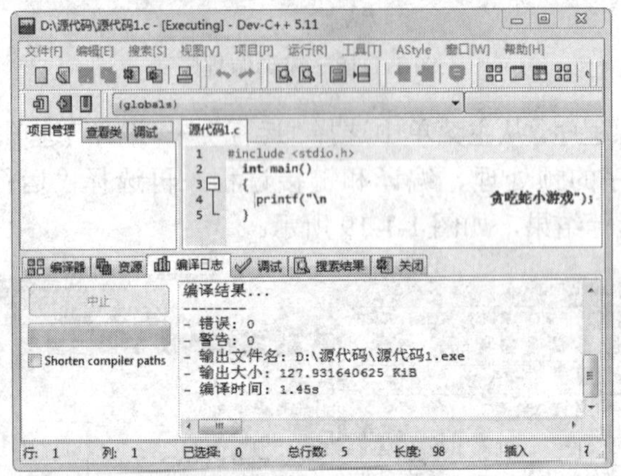

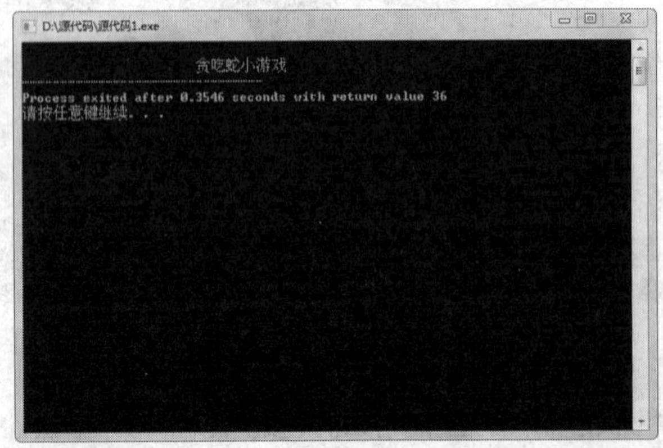

图 1-1-21　输出运行结果

1.1.5　C语言程序的符号系统

1）大写和小写的英文字母，即26个大写英文字母和26个小写英文字母。

2）包含0～9的阿拉伯数字。

C语言程序的符号系统

3）如空格符、换行符、制表符之类的空白符。

4）如加、减、乘、除，花括号、小括号等特殊字符。例如，+、−、*、/、< >、( )、[ ]、{ }、_、=、!、#、%、.、,、;、:、'、"、|、&、?、$、^、\、～。

1.2　实践训练：显示"贪吃蛇小游戏"标题

运用C语言编写程序显示"贪吃蛇小游戏"标题。

【分析】

本例是一个简单的C语言程序，它的功能是在屏幕上显示"贪吃蛇小游戏"标题，代码实现均在主函数内。输出功能通过 printf( )函数实现，双引号内的所有内容原样输出。若要输出多行内容，可使用多个输出函数或换行符"\n"实现。

【编程】

参考程序如下：

```
#include <stdio.h>
main()
{
    printf("\n   贪吃蛇小游戏   \n");
    printf("提示：按 W 控制向上运动，按 D 控制向右运动，按 S 控制向下运动，按 A 控制向左运动。\n");
    return 0;
}
```

【运行结果】

程序运行结果如图1-2-1所示。

图1-2-1　程序运行结果

习　题

一、选择题

1．以下不是C语言特点的是（　　）。

A．能够编制出功能复杂的程序　　B．语言简洁紧凑

C．C语言可以直接对硬件操作　　D．C语言移植性好

2．以下叙述中错误的是（　　）。

A．任何一个C语言程序都必须有且仅有一个main()函数，C语言总是从main()函数开始执行

B．C语言中的变量，可以先使用后定义

C．所有的C语言语句最后都必须有一个分号

D．C语言程序书写格式自由，语句可以从任一列开始书写，一行内可以写多个语句

3．C语言程序的基本单位是（　　）。

A．程序行　　B．语句　　C．函数　　D．字符

二、填空题

1．C语言的符号集包括________、________、________。

2．一个函数由两部分组成，它们是________、________。

3．函数体一般包括________、________。

三、简答题

1．简述C语言的主要特点。

2．简述C语言程序的结构。

3．简述C语言程序的实现步骤。

4．C语言程序的书写有何特点？

项目 2

数 据 准 备

学习目标

1. 学会输入、输出语句的使用。
2. 掌握基本数据类型常量、变量的使用。
3. 掌握各类运算符的作用与规则，牢记优先级和结合性。
4. 掌握各类表达式的正确使用。

工作描述

进行“贪吃蛇小游戏”设计的数据准备

应用C语言编写“贪吃蛇小游戏”设计的数据准备程序。显示结果如图2-0-1所示。

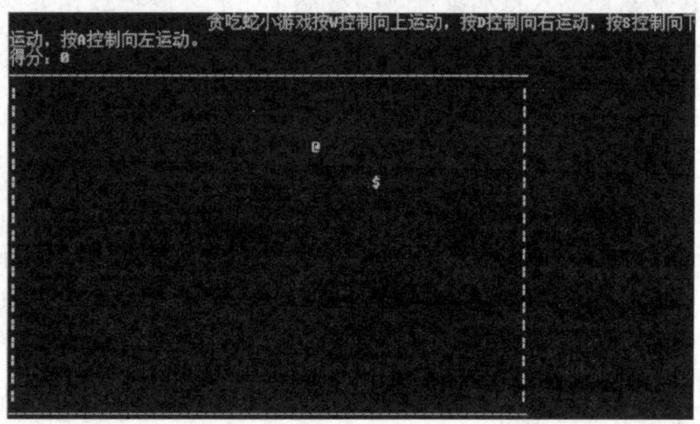

图2-0-1 “贪吃蛇小游戏”数据准备

进行“贪吃蛇小游戏”设计的数据准备，实现数据的输入/输出、蛇头的控制、食物的存储等目标。“贪吃蛇小游戏”设计的数据准备参考程序如下：

```
#include <stdio.h>
#include <stdlib.h>
#include <windows.h>
#include "interface.h"
#include "snake.h"
int main(void)
{
 struct snake arrBody[(WIDTH-2)*(LENGTH-2)];//蛇身数组
 int snakeX=4;              //蛇头的 X 坐标
 int snakeY=4;              //蛇头的 Y 坐标
 int X=1;                   //控制蛇头的方向量
 int Y=0;
 int foodX,foodY;           //食物的 X、Y 坐标
 int score=0;               //分数
 do {
     foodX=1+rand()%(LENGTH-3);/*随机生成食物的X坐标,坐标值在1~(LENGTH-2)
                              (包含上下界限),排除游戏区域纵向边线*/
     foodY=1+rand()%(WIDTH - 3); /*随机生成食物的Y坐标,坐标值在1~(WIDTH-2)
                              (包含上下界限),排除游戏区域横向边线*/
 } while(foodX==4&&foodY==4);
     return 0;
}
```

这段代码是实现“贪吃蛇小游戏”设计的其中一段，其格式必须严格按照 C 语言的规定书写，如空格的位置、分号的类型、字符的大小写、圆括号和方括号的使用都是有要求的。我们来看看主程序中第 2、3 行代码：

```
int snakeX=4;
int snakeY=4;
```

这两行代码的作用是初始化蛇头的位置，用两个变量来表示蛇头的坐标（4，4）。其中 snakeX、snakeY 是定义的整型变量，这个变量的名字称为标识符，它由用户进行定义。在定义的同时为其进行赋值，赋值运算符“=”代表将其右边的值赋给左边的变量，注意区分数学符号中的等于符号（左右恒等），C 语言中的等于运算符“==”用两个等号表示。int 用来指定变量类型为整型，即变量中可以存放整型数据，其他数据类型要用相应的关键字来进行定义。

掌握上面提到的标识符（snakeX）、运算符（=）、常量（4）、变量（snakeX）、数据类型（int）、关键字（int）这些基础知识后，就可以动手开始简单的程序设计了。

2.1 数据的输入/输出

2.1.1 标识符

标识符是用字母、数字、下划线三种元素组合，为程序的操作对象（如变量、符号常量、函数、数组、数据类型等）所起的一个名字。

标识符

1. 标识符的特点

1）标识符必须以字母或下划线开头，由字母、数字或下划线组成。

2）用户不能采用C语言已有的32个关键字作为同名的用户标识符。系统已有的32个关键字如下。

① 数据类型：int、char、float、double、short、long、void、signed、unsigned、enum、struct、union、const、typedef、volatile。

② 存储类别：auto、static、register、extern。

③ 语句命令字：break、case、continue、default、do、else、for、goto、if、return、switch、while。

④ 运算符：sizeof。

3）标识符长度没有限制。

4）标识符区分大小写。

5）关键字必须用小写字母。

2. 标识符的类型

1）预定义标识符，有固定的名字，系统用来表达特定的含义。类似int、char、float、if、for这类系统关键字，都属于预定义标识符，在使用的时候也是用小写的方式来展现。

预定义标识符举例如下。

① 系统标准库函数：scanf、printf、putchar、getchar、strcpy、strcmp、sqrt等。

② 编译预处理命令：include、define等。

2）用户定义标识符，是用户对变量、数组、函数等操作对象所起的名字，必须以字母或者下划线开头，长度没有限制。标识符的大小写所表达的含义是不同的。用户在定义标识符的时候，不能与预定义标识符相同，否则系统无法分辨。

【实例 2-1-1】 请指出下面哪些是合法标识符，哪些是非法标识符；合法标识符中哪些是关键字，哪些是预定义标识符，哪些是用户定义标识符。

sum,define,6y,PI,aa,bb43,double,student,a#,@ma,tt$a,_ch#a,m+y,let,x%y,name,do,b-4,area,4mm。

2.1.2 常量和变量

1. 常量

常量是在程序执行的过程中数值保持不变的量。常量有以下几种类型。

（1）普通常量

普通常量有以下几种表现形式。

1）整型常量，一般表现形式有：123、-45、799。

2）实型常量，一般表现形式有：3.14159、-1.22、0.11。

3）字符型常量，是指用单引号括起来的单个字符常量或转义字符，其一般表现形式有：'a'、'E'、'￥'、'$'、'9'。

4）字符串常量，是用双引号括起来的0个或多个字符的序列，其一般表现形式有："ACC"、" 323"、"a"、"\n\t"、" Good morning"。

（2）符号常量

用符号代替常量，即为符号常量，符号常量一般用大写字母表示。符号常量一经定义就可以代替常量使用。

符号常量的特点如下：

1）以标识符来代表的常量。

2）事先用编译预处理命令 define 定义。

3）编译时先替换为所代表的常量，再进行编译。

【实例 2-1-2】 超市牛肉价格计算的程序段。

参考程序如下：

```
#define P 30                    //宏定义语句
#include <stdio.h>
main()
{
    int sum,x;                  //定义变量 sum 和 x 为 int 类型
    x=3;                        //使 x 的值为 3
    sum=x*P                     //计算 sum 的值，为 x 与 P 的乘积
    printf("sum=%d\n",sum);     //输出 sum=90
}
```

这是一种编译预处理命令，称为“宏定义”。指定 P 代替常量 30，在以后的程序中，凡遇到 P 即用 30 代替，只是简单的符号替换。它不属于 C 语句，所以不必在末尾加上“;”。宏定义的优点是含义清楚、改动方便。

2. 变量

（1）变量的定义

在程序运行过程中其值可改变的量称为变量。

变量有三个要素：一是变量名，变量名用标识符表示；二是为变量分配存储单元，存储变量的值；三是变量值。通过变量名来存储变量的内容，变量在使用的时候，必须先定义后使用。如图 2-1-1 所示，x 是变量名，方框表示某个存储单元，单元中的数据 230 是变量 x 的值。

x	230

图 2-1-1 变量 x 的表示

不同的变量类型所占用的存储空间大小不同。为了今后能很好地使用它，在使用之前要先规范其类型和名字。因此，在 C 语言中，所有的变量必须先定义后使用。

（2）C 语言定义变量的形式

C 语言定义变量的形式可表示为

```
数据类型  变量名 1,变量名 2,变量名 3,…;
```

【实例 2-1-3】定义变量示例。

```
int  i, j;
long  k, m;
float  x,y;
char  ch1,ch2;
```

（3）变量的初始化

方法 1：定义变量的同时初始化变量。

C 语言允许在定义变量的同时初始化变量（对变量预先设置初值）。例如，“int a=5;”指定 a 为整型变量，初值为 5；“float m=9.16;”指定 m 为实型变量，初值为 9.16。

也可以为定义的部分变量赋初值。例如，“int a,b,c=23;”指定 a、b、c 为整型变量，只对 c 赋初值，其值为 23。

方法 2：先定义变量后赋初值。例如，“int a,b,c;c=23;”。

注意：*若对几个变量赋同一个值，不能写成“int m=n=p=6;”，而应写成“int m=6, n=6, p=6;”。*

2.1.3 C 语言数据类型

数据类型是指数据的内在表现形式。不同的数据类型在内存中的存储方式不同，在内存中所占的字节数也不相同。

通俗地说，数据在加工计算中的特征就是数据类型。例如，学生的年龄、学科成绩等都可以进行加、减等算术运算，具有一般数据的特点，在 C 语言中称为数值型。其中年龄是整数，所以称为整型；成绩一般为实数，所以称为实型。又如，学生的姓名和性别是不能进行加减运算的，这种数据具有文字的特性，姓名是由多个字符组成的，在 C 语言中称为字符串；性别可以用单个字符表示，在 C 语言中称为字符类型。例如，用 M 表示男性，F 表示女性。

C 语言提供的数据类型如图 2-1-2 所示。

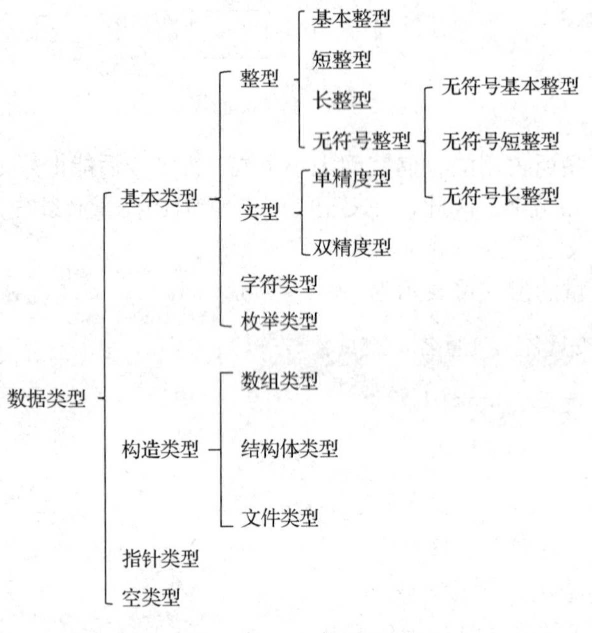

图 2-1-2 C 语言提供的数据类型

1. 整型数据

整型的基本类型符为 int，在 int 之前可以根据需要分别加上修饰符 short（表示短整型）或 long（表示长整型），上述类型又分为有符号型（signed）和无符号型（unsigned），即数值是否可以取负值。各种整数类型占用的内存空间大小不同，所提供数值的范围也不同，如表 2-1-1 所示。

表 2-1-1 整型数据分类

数据类型	别称	解释	所占位数	表示数值的范围
int	无	基本类型	16	-32768～32767
short int	short	短整型	16	-32768～32767
long int	long	长整型	32	-2147483648～2147483647
unsigned int	unsigned	无符号基本整型	16	0～65535
unsigned short	无	无符号短整型	16	0～65535
unsigned long	无	无符号长整型	32	0～4294967295

需要说明的是，数据存储时在内存中所占字节数与具体的机器和系统有关，与具体的编译器也有关。编程时，可以用运算符 sizeof( ) 求出所使用环境中各种数据类型所占的字节数。

（1）整型常量

整型常量又称整常数，即 C 语言可以识别的十进制、八进制和十六进制三种进制的整数。

1）十进制整数：由正负号（+或-）后跟数字串组成，正号可以省略不写，且开头的数字不能为 0。例如，1234、-23、+187、32767、5600 等都是十进制整数。

2）八进制整数：在 C 语言中，整数不仅可以用十进制表示，还可以用八进制或十六进制表示，并能自动进行相互转换，不需要用户干预。八进制整数的书写方式是以数字 0 打头，后跟 0～7 组成的数字串。例如，0123 表示八进制常数 123，相当于十进制数 83。如果是负数，则在打头的数字 0 前面冠以负号，如-057、-026 等。

3）十六进制整数：以数字 0 和小写字母 x（或大写字母 X）打头，后跟 0～9 及 A～F（或 a～f）组成的数字字母串。其中，A～F（或 a～f）分别表示十进制的 10～15。例如，0x2f 是一个十六进制数，相当于十进制的 47。如果在 0x 前冠以负号，则构成十六进制负数，如-0xB43F、-0x3a4f 等。

（2）整型变量

整型变量分为以下四种类型。

1）基本型，以 int 表示。

2）短整型，以 short int 表示，或以 short 表示。

3）长整型，以 long int 表示，或以 long 表示。

4）无符号基本整型，以 unsigned 表示。

2. 实型数据

（1）实型常量

实型常量在 C 语言中又称为浮点数。实型常量有两种表示形式。

1）十进制数形式。它由数字和小数点（注意必须有小数点）组成，如 0.123、.12、123.。

2）指数形式。它由尾数、e（或 E）和整数指数（阶码）组成，e（或 E）的左边为尾数，可以是整数或实数；右边是整数，指数必须为整数，表示尾数乘以 10 的多少次方。例如，123e3 或 123E3 都代表 123×10^3。

（2）实型变量

实型变量分为单精度（float）型和双精度（double）型两类。在一般系统中，一个 float 型数据在内存中占 4 字节，一个 double 型数据占 8 字节。

3. 字符数据

（1）字符常量

字符常量包括普通字符常量和转义字符常量。

1）普通字符常量：代表 ASCII 码字符集里的某一个字符，在程序中用单引号括起来构成，如 'a'、'A'、'p' 等。注意：'a' 和 'A' 是两个不同的字符常量。

2）转义字符常量：又称控制字符常量。除了上述的字符常量，C 语言还有一些特殊的字符常量，如转义字符"\n"，其中"\"是转义的意思。表 2-1-2 列出了 C 语言中常用的转义字符及其含义。

表 2-1-2 C 语言中常用的转义字符及其含义

转义字符	含义
\b	退格
\f	换页
\n	换行
\r	回车
\t	横向制表
\v	纵向制表
\'	单引号
\"	双引号
\\	反斜杠
\000	八进制数
\xhh	十六进制数

（2）字符串常量

字符串常量是用双引号括起来的一串字符序列，如"as"、"a"、" "（空串）。

双引号是字符串的标记，每个字符串占用内存的字节数等于字符串长度加 1，多出的 1 字节用于存放字符串的结束标志 "\0"。

不要将字符常量和字符串常量混淆。'a' 是字符常量，"a" 是字符串常量，二者不同。

C 语言规定：在每一个字符串的结尾加一个“字符串结束标志”，以便系统据此判

断字符串是否结束。C 语言以字符'\0'作为字符串结束标志。例如，字符串"CHINA"，实际上在内存中它的长度不是 5 个字符，而是 6 个字符，最后 1 个字符为'\0'。但在输出时不输出 '\0'。又如，在“printf("How do you do. ")”中，输出时，字符一个一个输出，直到遇到最后的 '\0' 字符，字符串即结束，停止输出。注意：在写字符串时不必加 '\0'，它是系统自动加上的。

C 语言中没有专门处理字符串的变量，字符串如果存放在变量中，需要用字符数组来存放，即用 1 个字符型数组来存放 1 个字符串。

（3）字符变量

字符数据类型以 char 表示，字符变量用来存放字符，注意只能存放 1 个字符。

字符变量的定义形式如下：

```
char c1,c2;
```

它表示 cl 和 c2 为字符变量，可以存放 1 个字符，因此可以用以下语句对其赋值：

```
c1='a';c2='b';
```

一般以 1 字节存放 1 个字符，或 1 个字符变量在内存中占 1 字节。

【实例 2-1-4】 定义字符变量，并赋值字符和整型数据，然后将其输出。

参考程序如下：

```
#include "stdio.h"
void main()
{
    char c1,c2;
    c1='a';c2='b';
    printf("%c %c %d %d",c1,c2,c1,c2);
    c1=97;c2=98;
    printf("%c %c %d %d",c1,c2,c1,c2);
}
```

说明：

1）字符常量存放到 1 个字符变量中，实际上并不是把该字符本身存放到内存单元中，而是将该字符相应的 ASCII 码值存放到存储单元中。例如，字符 'a' 的 ASCII 码值为 97，'b' 为 98。

2）由于字符数据的存储形式与整型数据类似，因此字符数据和整型数据之间可以通用。

3）字符数据可以以字符形式输出，也可以以整数形式输出。以字符形式输出时，先将存储单元中的 ASCII 码转换成相应字符，再输出；以整数形式输出时，直接将 ASCII 码值作为整数输出。

4）可以对字符数据进行算术运算，此时相当于对它们的 ASCII 码值进行算术运算。

【实例 2-1-5】 编写程序实现将小写字母转换成大写字母，并求出下一个字母。

参考程序如下：

```
main()
{char c1,c2;            //定义字符变量 c1,c2
 c1='a';                //将字符'a'赋值给变量 c1
 c1=c1-32;              //小写字母的 ASCII 码比大写字母的 ASCII 码大 32
 c2=c1+1;               //相邻字符的 ASCII 码相差 1
 printf("\n%c %c",c1,c2);
 printf("\n%d %d",c1,c2);
}
```

说明：字符数据与整型数据在 ASCII 码范围（0～255）内是通用的。

2.1.4 格式输入函数 scanf( )

格式输入函数调用的一般形式为 scanf( )，括号里面包括格式控制、地址参数。其函数调用的一般形式为

```
scanf(格式控制,地址参数 1,地址参数 2,…,地址参数 n);
```

功能：按格式控制指定的格式，从标准输入设备输入数据，存放到对应的地址参数所指定的地址中。其中用双引号括起来的字符串用于构造输入数据的类型、格式、个数及输入的形式。

例如：

```
scanf("%d%f",&a,&f);
scanf("%o,%f",&b,&x);
scanf("a=%d,b=%d",&a,&b);
```

其中，格式控制的含义同 printf( )函数，格式字符含义如表 2-1-3 所示；地址列表是由若干个地址组成的列表，可以是变量的地址。

表 2-1-3 输入数据的格式字符含义

数据类型	格式字符含义	
整型数据	%d	输入十进制整型数
	%u	输入无符号的十进制整型数
	%o	输入八进制整型数
	%x	输入十六进制整型数
实型数据	%f	输入小数形式的单精度实型数
	%e	输入指数形式的单精度实型数
字符数据	%c	输入单个字符
	%s	输入一个字符串

【实例 2-1-6】 输入学生的年龄、学号、成绩、性别等信息。

参考程序如下：

```
#include "stdio.h"
void main()
{
    int age,num;
    float score;
    char sex;                  //f:女;m:男
    printf("input the information\n");
    scanf("%d%d%f%c",&age,&num,&score,&sex);
    printf("Age:%d\tID:%d\tSex:%c\tscore:%f\n",age,num,sex,score);
}
```

说明：

1）“scanf("%d%d%f%c",&age,&num,&score,&sex)” 语句表示用户从键盘输入两个整数、一个浮点型数据和一个字符。其中，“"%d%d%f%c"” 是格式控制部分；“&age,&num,&score,&sex” 是地址列表部分，表示从键盘接收的两个整数，第一个给变量 age，第二个给变量 num，接收的第三个浮点型数据给变量 score，接收的第四个字符数据给变量 sex。

2）“"%d%d%f%c"” 为格式字符，以%开始，以一个格式字符结束。

3）变量前面加 “&” 符号，表示取变量的地址。例如，“&age” 表示取变量 age 的地址。

4）运行时输入数据，数据之间可以用空格或回车符分隔。

5）如果在 “格式控制” 字符串中除了格式说明还有其他字符，则在输入数据时应输入与这些字符相同的字符。例如，如果是 “scanf("%d,%d",&a,&b);”，则输入时应用形式 “3，4”（中间必须是逗号）；如果是 “scanf("%d%d",&a,&b);”，则输入时应用形式 “3 4”（中间用空格、回车符或 Tab 键）。

6）scanf( )函数中没有精度控制，如 “scanf("%5.2f",&a);” 是非法的，不能企图用此语句输入小数为 2 位的实数。

2.1.5 格式输出函数 printf( )

printf( )函数调用的一般形式为

```
printf(格式控制,参数 1,参数 2,…,参数 n) ;
```

功能：按格式控制所指定的格式，在标准输出设备上输出参数 1，参数 2，…，参数 n 的值。

例如，有程序段：

```
int a=123,b=100;
printf("%d  %d  %d\n",a,b,a+b);
printf("c=%d+%d=%d\n",a,b,a+b);
```

其中，格式控制是用双引号括起来的字符串，也称转换控制字符串，它包含信息格式字符，如%d、%f 等（表 2-1-4）和普通字符（需要原样输出的字符）；输出列表是一些与“格式字符”中的格式字符一一对应的需要输出的数据，可以是变量或表达式。

表 2-1-4　输出数据的格式字符含义

数据类型	格式字符含义	
整型数据	%d	以有符号十进制形式输出整型数
	%o	以无符号八进制形式输出整型数
	%x	以无符号十六进制形式输出整型数
	%u	以无符号十进制形式输出整型数
实型数据	%f	以小数形式输出实型数
	%e	以指数形式输出实型数
	%g	按数值宽度最小的形式输出实型数
字符数据	%c	输出一个字符
	%s	输出字符串
其他	%%	输出字符 % 本身

【实例 2-1-7】 输出学生的姓名、学号、年龄、性别、成绩等信息。

参考程序如下：

```
#include"stdio.h"
void main()
{
    int age=19,num=23;
    float score=87.5;
    char sex='m';              //f:女;m:男
    printf("Name is Rose\n");
    printf("ID is %d", num);
    printf("Age:%d\tSex: %c\tscore:%f\n", age, sex, score);
}
```

说明：

1）不输出变量或表达式的值，直接输出一个字符串。例如，printf("Name is Rose\n")，其中，\n 是转义字符，表示回车换行。

2）格式化输出。语句“printf("ID is %d", num)”输出“ID is 23”。语句中“"ID is %d"”是格式控制部分，“num”是输出列表。格式控制“"ID is %d"”中的%d以十进制整数形式输出变量num中的值。

3）将多个输出项放在一条输出语句中格式输出。语句“printf("Age:%d\tSex: %c\tscore:%f\n", age, sex, score)”将年龄、性别和成绩一起输出。“"Age: %d\tSex: %c\tscore:%f\n"”是格式控制部分，“age,sex,score”是输出列表。其中，“%d”、“%c”和“%f”是格式控制符，它们指明输出列表中变量age以十进制整数形式输出；变量sex以字符形式输出；变量score以浮点数形式输出；\t是转义字符，表示将光标移到下一个位置的水平制表符；\n表示回车换行；其余的字符按原样输出。

4）格式控制部分中的格式控制符与输出列表中的变量或表达式要一一对应。

2.1.6 字符输入函数 getchar( )

getchar( )函数调用的一般形式为

```
getchar()
```

功能：从标准输入设备（即键盘）上交互输入一个字符。

例如：

```
getchar();
c=getchar();
printf("%c \n",getchar());
```

【实例 2-1-8】 getchar( )函数的应用。

参考程序如下：

```
#include "stdio.h"
main()
{ char ch;
  ch=getchar();
  printf("%c  %d\n",ch,ch);
  printf("%c  %d\n\n",ch-32,ch-32);
}
```

程序运行时输入m，并按Enter键，其输出结果如下：

```
m  109
M  77
```

说明：

1）getchar( )是C语言的标准库函数，使用时必须加编译预处理命令：

```
#include "stdio.h"
```

或

```
#include <stdio.h>
```

2）getchar( )函数需要交互输入，接收到输入字符之后才继续执行程序。

连续使用 getchar( )函数时，要注意字符的输入形式。例如，执行如下程序段:

```
char ch1,ch2;
ch1=getchar();
ch2=getchar();
```

必须连续输入两个字符，中间不能有其他字符。

2.1.7 字符输出函数 putchar( )

putchar( )函数调用的一般形式为

```
putchar(ch)
```

功能：在标准输出设备（即显示器屏幕）上输出一个字符。

例如:

```
putchar('b');
putchar('\n');
putchar('\101');
putchar(st);
```

说明：putchar( )是 C 语言的标准库函数，使用时必须加编译预处理命令:

```
#include "stdio.h"
```

或

```
#include <stdio.h>
```

【实例 2-1-9】 利用 putchar( )函数输出字符。

参考程序如下:

```
#include "stdio.h"
main()
{ char c1,c2;
  c1='a'; c2='b';
  putchar(c1);putchar(c2); putchar('\n');
  putchar(c1-32);putchar(c2-32);
  putchar('\n');
}
```

2.2 数据的运算规则

2.2.1 算术运算符和算术表达式

1. 基本算术运算符

算术运算符和算术表达式

基本算术运算符有+（加）、-（减）、×（乘）、/（除）、%（求余）共5种。

各运算符的功能：前3种运算符我们已很熟悉，另外2种运算符需要特别注意。

（1）除运算符：/

当两个整数相除时，结果为整数，小数部分舍去，如“5/2=2”。

当两个实型数相除时，结果为实型，如“5.0/2.0=2.5”。

如果商为负数，则取整的方向因系统而异。但大多数系统采取“向零取整”原则，换句话说，取其整数部分，如“-5/3=-1”。

（2）求余运算符：%

要求两个操作数必须都是整型数，否则会出错。例如，“5%3=2”“(-5)%3=-2”“5%(-3)=2”“(-5)%(-3)=-2”“3%5=3”等，而“5.2%3”有语法错误。

2. 表达式及算术表达式

（1）表达式

用运算符和括号将运算对象（变量、常量和函数）连接起来的符合C语言语法规则的式子称为表达式。

单个变量、常量可以看作表达式的一种特例。将单个变量、常量构成的表达式称为简单表达式，其他表达式称为复杂表达式。

（2）算术表达式

用算术运算符和括号将操作对象（即操作数）连接起来的式子称为算术表达式。

例如，“a+b/c-2”“sin(x)+1.5”“x*y+z”“1/2”都是合法的算术表达式。

特别提示：书写算术表达式时，一定要注意各种运算符的优先级和结合性，适当使用括号来保证原表达式的运算顺序，而且表达式中的各种符号均书写在同一行中，不能写在上角或下角，如x^2或x_2都是错误的C语言表达式。

例如，以下数学式子可以用“=>”号右边的C语言表达式表示。

$$\frac{a+b}{a-b} \Rightarrow (a+b)/(a-b)$$

$$\frac{a+b}{xy} \Rightarrow (a+b)/(x*y)$$

$$3a+5\sin 2x \Rightarrow 3*a+5*\sin(2*x)$$

3. 自增运算符和自减运算符

自增运算符（++）和自减运算符（--）是 C 语言中具有特色的两个单目运算符，操作对象只有一个，且必须是整型变量，其功能分别是使变量的值增 1、减 1。例如：

i++的功能是先使用 i，然后使 i 的值增 1。

++i 的功能是先使 i 的值增 1，然后使用 i。

k--的功能是先使用 k，然后使 k 的值减 1。

--k 的功能是先使 k 的值减 1，然后使用 k。

可见，自增运算符和自减运算符既可以放在变量的左边（称为前缀用法），又可以放在变量的右边（称为后缀用法），但两者效果不同，使用时要特别注意。

说明：

1）++i 和 i++的异同点。++i 和 i++的相同之处在于，单独使用加分号作为一个独立的句子（即“++i;”和“i++;”）时作用相同。因为++i 和 i++的作用相当于 i=i+1。

++i 和 i++的不同之处在于，++i 是先执行 i=i+1，再使用 i 的值；而 i++是先使用 i 的值，再执行 i=i+1，所以参与其他式子运算时，前缀、后缀用法的使用效果不同。

2）自增运算符和自减运算符只能用于变量，而不能用于常量或表达式，如“5++”或“(a+b)++”都是不合法的。因为 5 是常量，常量的值不能改变。“(a+b)++”也不可实现，若“a+b”的值为 3，那么自增后得到的 4 无变量可存放。

【实例 2-2-1】 自增运算符和自减运算符的使用。

参考程序如下：

```
#include "stdio.h"
main()
{  int i=2,j=2,k=2,h=2,m,n,x,y;
   m=i++; n=++j; x=k--; y=--h;
   printf("\ni=%d,m=%d,j=%d,n=%d",i,m,j,n);
   printf("\nk=%d,x=%d,h=%d,y=%d",k,x,h,y);getch();
}
```

运行结果如下：

```
i=3,m=2,j=3,n=3
k=1,x=2,h=1,y=1
```

说明：通过结果可以看出，自增运算符和自减运算符的功能和前缀、后缀用法的不同。例如，“m=i++;”等价于“m=i; i++;”，即先取出变量 i 的值“2”，赋给变量 m，然后 i 的值增 1；其他的类似。

【实例 2-2-2】 思考如下程序段的输出结果是什么。

```
#include  "stdio.h"
main()
{  int a=100;
   printf("%d\t",a);
   printf("%d\n",++a);
   printf("%d\t",a++);
   printf("%d\n",a);
}
```

说明：

1）此程序注意四个 printf( ) 语句之间的连贯性。

2）可以自行修改四个 printf( ) 语句中的输出对象，然后思考运行结果，从而充分理解自增运算符和自减运算符的应用技巧。

4. 算术运算符的优先级和结合性

在计算表达式时，先按运算符的优先级由高到低运算，优先级相同时按运算符的结合性运算。结合性就是指级别相同的运算符的执行顺序。表达式“2+6*3-8/2*7%3”含有多种运算符，如何计算呢？

先来看一下算术运算符的优先级（由高到低排列为①②③，同一组中级别相同）：①++、--、-（负号）；②*、/、%；③+、-。

结合性：双目运算符的结合方向为“自左向右”，单目运算符的结合方向为“自右向左”，如“-i++”等价于“-（i++)”。建议读者尽量不要连续使用++、--、-（负号）等单目运算符，以免出现歧义，必要时加括号以示直观。

按以上规则，计算表达式“2+6*3-8/2*7%3”：①计算“6*3”，结果为 18；②计算“8/2”，结果为 4；③计算“4*7”，结果为 28；④计算“28%3”，结果为 1；⑤计算“2+18”，结果为 20；⑥计算为“20-1”，结果为 19。

在 C 语言中，运算符的优先级有 15 级，1 级最高，15 级最低。在表达式中，优先级别较高的运算符先于优先级别较低的运算符。在同一个运算量两侧的运算符优先级相同时，按照结合性所规定的结合方向处理。

5. 数据类型转换

表达式运算中数据类型的转换有两种：一种是在运算时不必用户指定，系统自动进行类型转换，即隐式转换；另一种是强制类型转换，当自动类型转换不能实现目的时，可以用强制类型转换，即显式转换。

（1）隐式转换

C 语言允许整型、实型和字符型的数据之间进行混合运算，即在一个表达式中可以同时出现不同类型的数据，如表达式“4*'b'+2.5−123456.789/2”是合法的。运算时，按运算符的优先级顺序和结合性逐步计算，每一步计算之前，若参加运算的两个数类型不同，则先自动进行类型转换，再计算结果。

转换的原则是低级别类型数据转换成高级别类型数据，结果的类型与转换后的类型相同。各种数据类型的级别如图 2-2-1 所示。

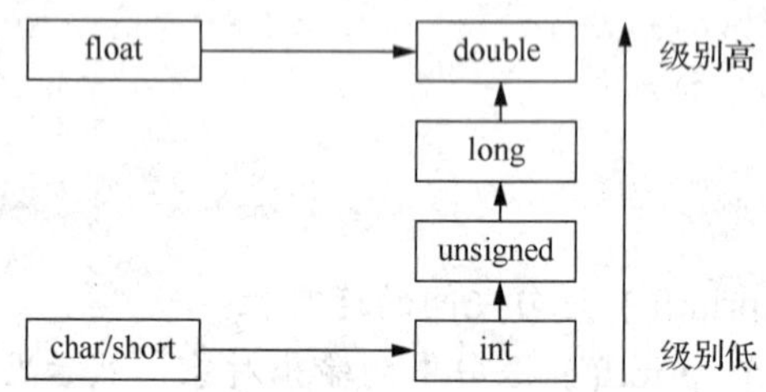

图 2-2-1　不同数据类型的自动转换规则

说明：

1）转换按数据长度增加的方向进行，以保证不降低精度。例如，int 型和 long 型运算时，先把 int 型转换成 long 型后再计算。

2）所有的浮点运算都是以双精度进行的，即使仅含有 float（单精度）型运算的表达式，也要先转换成 double 型，再做运算。

3）char 型和 short 型参与运算时，将其先转换成 int 型。

4）所需的转换均为系统自动进行，无须人为干预。

（2）强制类型转换

利用强制类型转换可以将一个表达式的值强制转换成指定的类型。这种转换是通过使用强制类型转换运算符实现的，因此又称为显式转换。

其一般形式为

```
(类型名)(表达式)
```

其中，类型名是指定转换后的类型，必须用括号括起来。表达式是要转换的对象，一般也用括号括起来，只有当表达式是一个变量或常量时才可以省略括号。例如：

(int)(a+b)：表示将“a+b”的值转换成整型（但“a+b”本身的类型不变）。

(double)8：表示将整型常量 8 转换成 double 型值（但 8 本身还是整型常量）。

(float)x：表示读取 x 的值并将其转换成 float 型（但 x 本身的类型不变）。

【实例 2-2-3】 含有强制类型转换的表达式的计算。

参考程序如下：

```
#include  "stdio.h"
main()
{
    int a=2,b=3;
    float x=3.5,y=2.5,z;
    z=(float)(a+b)/2+(int)x%(int)y;
    printf("\n%f",z);
    getch();
}
```

运行结果如下：

```
3.500000
```

说明：程序中表达式的执行过程为先将表达式“a+b”的值 5 强制转换成 double 型数 5.0；再计算表达式“5.0/2”，结果为 double 型数 2.5；然后将 x、y 的值分别强制转换成 int 型数据 3、2；计算 3/2，结果为整型数 1；最后计算 2.5+1，结果为 double 型数 3.5。

强制类型转换符是单目运算符，它的优先级高于一般的算术运算符。

2.2.2 赋值运算符和赋值表达式

赋值运算符和赋值表达式

1. 赋值运算符

赋值符号“=”就是赋值运算符，它的作用是将一个数据赋给一个变量。其格式为

<变量名>=<表达式>;

它的作用就是将右边表达式的值赋给左边的变量。例如，“a=3”的作用是执行一次赋值操作，把常量 3 赋值给变量 a。也可以将一个表达式的值赋给一个变量。

2. 复合赋值运算符

在赋值运算符“=”之前加上其他运算符，可以构成复合赋值运算符。复合赋值运算符的格式为

<变量名><基本算术运算符>=<表达式>;

它等价于

<变量名>=<变量名><基本算术运算符><表达式>;

C 语言采用这种复合运算符，一是为了简化程序，使程序精练；二是为了提高编译效率，产生质量较高的目标代码。常见的复合运算符如表 2-2-1 所示。

表 2-2-1　常见的复合运算符

运算符	实例	等价于	运算符	实例	等价于
+=	x+=5	x=x+5	/=	x/=5	x=x/5
−=	x−=5	x=x−5	%=	x%=y+5*z	x=x%(y+5*z)
*=	x*=y+3	x=x*(y+3)			

【实例 2-2-4】 运行下面的程序，观察并分析用法。

```
#include  "stdio.h"
void main()
{
    int a,b,c,x,y;
    a=2;
    c=3;
    b=2*a+6;
    c*=a+b;
    x=a*a+b+c;
    y=2*a*a*a+3*b*b*b+4*c*c*c;
    printf( "%d %d %d %d %d",a,b,c,x,y);
}
```

说明：

1）此处的表达式“y=2*a*a*a+3*b*b*b+4*c*c*c”不可以写成“y=2aaa+3bbb+4ccc”。

2）可以用赋值表达式同时对多个变量赋同样的值。例如，“a=b=c=3”表示同时将 3 赋给变量 a、b 和 c，相当于“a=3，b=3，c=3”。

3）赋值运算符的结合方向是“自右向左”，即从右向左计算。例如“a=b=c=3*2”，先计算“c=3*2”，再计算“b=c”，最后计算“a=b”。

2.2.3　关系运算符和关系表达式

关系运算符是对两个操作数进行比较的运算符，其结果只有“真”或“假”两种可能。C 语言提供了六种关系运算符，如表 2-2-2 所示。

表 2-2-2　关系运算符

运算符	名称	实例	说明	运算符	名称	实例	说明
>	大于	a>b	a 大于 b	<=	小于等于	a<=b	a 小于等于 b
>=	大于等于	a>=b	a 大于等于 b	==	等于	a= =b	a 等于 b
<	小于	a<b	a 小于 b	!=	不等于	a!=b	a 不等于 b

【实例 2-2-5】 运行下面的程序，观察并分析用法。

```
#include  "stdio.h"
void main()
{
    int a=6,b=3,c=9,d=6;
    int e=c<d;
    printf("a>b 的值为:%d\n",a>b);
    printf("a<b 的值为:%d\n",a<b);
    printf("a>=b 的值为:%d\n",a>=b);
    printf("a<=d 的值为:%d\n",a<=d);
    printf("a>b+c 的值为:%d\n",a>b+c);
    printf("a==d 的值为:%d\n",a==d);
    printf("a!=d 的值为:%d\n",a!=d);
    printf("e 的值为:%d\n",e);
}
```

说明：

1）程序中比较结果为真时，其值为“1”；比较结果为假时，其值为“0”。在 C 语言中以“1”表示真，“0”表示假。

2）关系运算符的优先级低于算术运算符。例如，在“a > b+c”中，先计算“b+c”的值，再进行关系运算。

3）关系运算符的优先级高于赋值运算符。例如，在“e=c > d”中，先计算“c > d”，再把得到的值赋给 e。

4）不要把关系运算符“==”误用为赋值运算符“=”。

2.2.4　逻辑运算符和逻辑表达式

逻辑运算可以表示运算对象的逻辑关系，C 语言提供了三种逻辑运算符，表 2-2-3 给出了 C 语言中逻辑运算符的种类、功能及运算规则。

逻辑运算符和逻辑表达式

表 2-2-3　逻辑运算符的种类、功能及运算规则

运算符	名称	实例	运算规则
!	逻辑非	!a	单目运算符，只要求有一个运算量（操作数）。若 a 为真，则!a 为假；若 a 为假，则!a 为真
&&	逻辑与	a&&b	双目运算符，要求有两个运算量。若 a、b 都为真，则 a&&b 为真；若 a、b 中有一个为假，则 a&&b 为假
‖	逻辑或	a‖b	双目运算符，要求有两个运算量。若 a、b 中有一个为真，则 a‖b 为真；若 a、b 都为假，则 a‖b 为假

用逻辑运算符将关系表达式或逻辑量连接起来就是逻辑表达式。逻辑表达式的值应该是一个逻辑量“真”或“假”。C 语言编译系统在给出逻辑运算结果时，以数值“1”代表“真”，以数值“0”代表“假”，但在判断一个量是否为“真”时，以“0”代表“假”，以非“0”代表“真”，即将一个非零的数值作为“真”。

【实例 2-2-6】 运行下面的程序，观察并分析用法。

```
#include  "stdio.h"
void main()
{
    int a=4,b=5;
    printf("a>3&&b<6 的值为:%d\n",a>3&&b<6);
    printf("a>3&&b<4 的值为:%d\n",a>3&&b<4);
    printf("a>3‖b<4 的值为:%d\n",a>3‖b<4);
    printf("a>3‖b<4 的值为:%d\n",a>3‖b<4);
    printf("!a 的值为:%d\n",!a);
    printf("a&&b 的值为:%d\n",a&&b);
    printf("a‖b 的值为:%d\n",a‖b);
    printf("b‖1+1&&!a 的值为:%d\n",b‖1+1&&!a);
    printf("'c'&&'d'的值为:%d\n",'c'&&'d');
}
```

说明：

1）由系统给出的逻辑运算结果不是“0”就是“1”，不可能是其他数值。

2）逻辑运算符两侧的运算对象不但可以是“0”或“1”，或者是“0”或非“0”的整数，也可以是任何类型的数据，如字符型、实型或指针型等。系统最终以“0”和非“0”来判断它们属于“真”或“假”。

3）要正确书写关系表达式。如果表示“a 大于 20 且小于等于 50”，在数学中可写为“20<a≤50”，而在 C 语言中，则应该写为“a>20 &&a<=50”。

4）算术运算符、关系运算符、逻辑运算符、赋值运算符在一起进行混合运算时，

各类运算符的优先级如下（自左至右，从高到低）：

!（非）→算术运算符→关系运算符→&&（与）→‖（或）→赋值运算符

【实例 2-2-7】 运行下面的程序，观察并分析用法。

```
#include  "stdio.h"
void main()
{
    int a=4,b=5;
    printf("a<3&&b==4 的值为:%d",a<3&&b==4);
    printf("b 的值为:%d\n",b);
    printf("a>3 || b==7 的值为:%d",a>3 || b==7);
    printf("b 的值为:%d\n",b);
}
```

说明：在逻辑表达式的求解中，并不是所有的逻辑运算符都被执行，只是在必须执行下一个逻辑运算符才能求出表达式的解时，才执行该运算符。

例如，在“a<3&&b==4”中，因为“a<3”为“0”，则&&后面的表达式不管是“1”还是“0”，整个表达式的值都为“0”。所以后面的表达式“b==4”不执行，后面输出的 b 的值还是 5。

例如，在“a>3 ‖ b==7”中，因为“a>3”为“1”，则 ‖ 后面的表达式不管是“1”还是“0”，整个表达式的值都为“1”，所以后面的表达式“b==7”不执行，后面输出的 b 的值还是 5。

2.2.5 条件运算符和条件表达式

条件运算符和条件表达式

条件运算符：? :。

条件表达式的一般形式为

```
表达式1 ? 表达式2 : 表达式3
```

例如：

```
m<n ? x : a+3
a++>=10 && b-->20 ? a : b
x=3+a>5 ? 100 : 200
```

条件运算符的优先级高于赋值运算符、逗号运算符，低于其他运算符。

例如：

1）“m<n ? x : a+3”等价于“(m<n) ?(x) :(a+3)”。

2）“a++>=10 && b-->20 ? a : b”等价于“(a++>=10 && b-->20) ? a : b”。

3）“x=3+a>5 ? 100 : 200”等价于“x=(3+a>5) ? 100 : 200”。

条件运算符具有右结合性。当一个表达式中出现多个条件运算符时，应该将位于最右边的问号与离它最近的冒号配对，并按这一原则正确区分各条件运算符的运算对象。

例如，w<x ? x+w : x<y ? x : y 与 w<x ? x+w : (x<y ? x : y)等价，与(w<x ? x+w : x<y) ? x : y 不等价。

2.2.6 逗号运算符和逗号表达式

由逗号运算符和操作数组成的符合语法规则的序列称为逗号表达式，其作用是将若干个表达式连接起来。它们的优先级别在所有的运算符中是最低的，结合方向是从左到右。

逗号表达式的一般形式为

```
表达式 1,表达式 2,表达式 3,…,表达式 n
```

运算过程：依次计算表达式 1 的值，再计算表达式 2 的值，直至计算完所有的逗号表达式。整个表达式的值为表达式 n 的值。

【实例 2-2-8】 运行下面的程序，观察并分析用法。

```
#include  "stdio.h"
void main()
{
    int x,y,z;
    z=(x=23,y=12.1,11.20+x,x+y);//逗号表达式
    printf("z 的值为:%d",z);
}
```

说明：

1）逗号表达式由 4 个表达式组成，其运算顺序：将 23 赋给变量 x；将 12.1 赋给变量 y（实际上只能接收值为 12）；将 11.20 与变量 x 的值相加，结果为 34.20，作为第 3 个表达式的值；最后计算 x+y，结果为 35.1，作为第 4 个表达式的值（因为 x 和 y 都是整型数，求和的结果也只能得到值为 35），所以输出 z 的值为 35。

2）逗号运算符是所有运算符中级别最低的，具有从左到右的结合性。

3）逗号表达式的使用不太多，一般在给循环变量赋初值时才用到。

4）并不是所有出现在程序中的逗号都是逗号表达式。例如，函数参数也是用逗号来间隔的，如

```
printf( "%d %d %d",a,b,c);
```

上一行中的“a,b,c”并不是逗号表达式，它是 printf( ) 函数的三个参数，参数间用逗号隔开。

2.3 实践训练：进行“贪吃蛇小游戏”设计的数据准备

运用C语言的数据应用及运算规则完成“贪吃蛇小游戏”设计的数据准备程序代码。

【分析】

在开始“贪吃蛇小游戏”设计之前，需要先具备C语言程序设计的基础知识。只有掌握了基本数据应用和运算规则，才能使程序正常运行，实现数据的输入/输出、蛇头的控制、食物的存储等目标。要完成本节内容，需要掌握标识符命名规则、变量的定义，熟练使用格式输入/输出函数，了解常用的数据类型（int/float/char）和数据运算规则（=、==、>、>=、<、<=、&&、||）。

【编程】

进行“贪吃蛇小游戏”设计的数据准备，实现数据的输入/输出、蛇头的控制、食物的存储等目标。

参考程序如下：

```
#include <stdio.h>
#include <stdlib.h>
#include <windows.h>
#include "interface.h"
#include "snake.h"
int main(void)
{
    struct snake arrBody[(WIDTH-2)*(LENGTH-2)];  //蛇身数组
    int snakeX=4;             //蛇头的X坐标
    int snakeY=4;             //蛇头的Y坐标
    int X=1;                  //控制蛇头的方向量
    int Y=0;
    int foodX, foodY;         //食物的X、Y坐标
    int score=0;              //分数
    do {
        foodX=1+rand()%(LENGTH-3);  /*随机生成食物的X坐标,坐标值为1~(LENGTH-2)
                                    (包含上下界限),排除游戏区域纵向边线*/
        foodY=1+rand()%(WIDTH-3);   /*随机生成食物的Y坐标,坐标值为1~(WIDTH-2)
                                    (包含上下界限),排除游戏区域横向边线*/
    } while(foodX==4&&foodY==4);
    return 0;
}
```

【运行结果】

程序运行结果如图 2-3-1 所示。

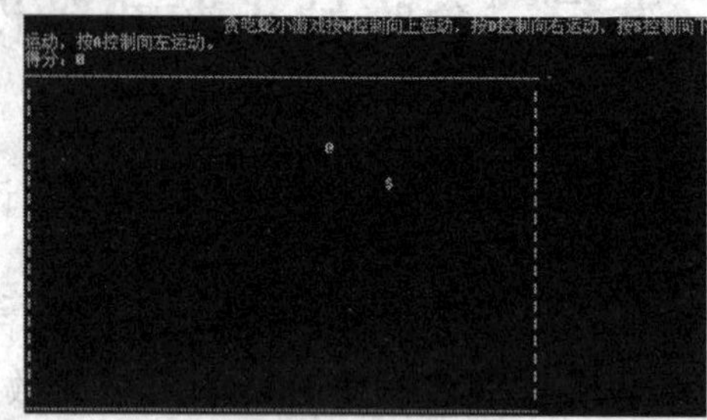

图 2-3-1　程序运行结果

习　　题

一、选择题

1. 以下不是 C 语言基本数据类型的是（　　）。

　A．字符型　　B．浮点型　　C．整型　　D．构造类型

2. 以下转义字符“反斜杠线”的表示方法中正确的是（　　）。

　A．\　　B．\\　　C．'\'　　D．"\"

3. 若已定义 x 和 y 为 double 类型，则表达式 x=1，y=x+3/2 的值是（　　）。

　A．2.50　　B．2　　C．2.0　　D．2.5

4. 若有以下程序段：

```
int  c1=1,c2=2,c3=3;
c3=1.0/c2*c1;
```

则执行后，c3 的值是（　　）。

　A．0　　B．0.5　　C．1　　D．2

5. 语句“printf("%d,%f\n",30/8,−30/8);”的输出结果是（　　）。

　A．3，−3.750000　　B．3.750000，−3.750000

　C．3，3　　D．3，−3

6. 表达式“!5||6&&8”的值是（　　）。

　A．1　　B．0　　C．5　　D．8

7. 以下程序的输出结果是（　　）。

```
int j=2,i=1;
j/=i*j;
```

```
printf("%d\n",j);
printf("%d\n",j);
```

A．2　　B．1　　C．3　　D．0

8．以下叙述中不正确的是（　　）。

A．在C语言程序中，逗号运算符的优先级最低

B．在C语言程序中，MAX和max是两个不同的变量

C．若a和b类型相同，在计算了赋值表达式a=b后，b中的值将放入a中，而b中的值不变

D．当从键盘输入数据时，对于整型变量只能输入整型数值，对于实型变量只能输入实型数值

9．以下正确的字符常量是（　　）。

A．"c"　　B．'\\'　　C．''　　D．'K'

10．若x、i、j、k都是int型变量，则计算下面表达式后，x的值为（　　）。

```
x=(i=4,j=16,k=32)
```

A．4　　B．16　　C．32　　D．52

11．设C语言中，一个int型数据在内存中占2字节，则unsigned int 型数据的取值范围为（　　）。

A．0～255　　B．0～32767

C．0～65535　　D．0～2147483647

12．设有“int a=1,b=2,c=3,d=4,m=2,n=2;”，执行“(m=a>b)&&(n=c>d)”后n的值为（　　）。

A．1　　B．2　　C．3　　D．4

13．以下程序的运行结果是（　　）。

```
main()
{    int a,b,d=241;
     a=d/100%9;
     b=(-1)&&(-1);
     printf("%d,%d",a,b);
}
```

A．6,1　　B．2,1　　C．6,0　　D．2,0

14．已知“int x=10,y=20,z=30;”，以下语句执行后x,y,z的值是（　　）。

```
if(x>y) z=x;x=y;y=z;
```

A．x=10, y=20, z=30　　B．x=20, y=30, z=30

C．x=20, y=30, z=10　　D．x=20, y=30, z=20

15．以下说法中错误的是（　　）。

A．每个语句必须独占一行，语句的最后可以是一个分号，也可以是一个回车换行符号

B．每个函数都有一个函数头和一个函数体，主函数也不例外

C．主函数只能调用用户函数或系统函数，用户函数可以相互调用

D．程序是由若干个函数组成的，但是有且只能有一个主函数

16．以下选项中合法的实型常数是（　　）。

A．5E2.0　　B．E-3　　C．2E0　　D．1.3E

17．以下选项中可作为 C 语言合法整数的是（　　）。

A．10110B　　B．0386　　C．0Xffa　　D．x2a2

18．以下变量定义中合法的是（　　）。

A．short _a=1-.le-1;　　B．double b=1+5e2.5;

C．long do=0xfdaL;　　D．float 2_and=1-e-3;

19．与数学式子 $\frac{9x^n}{2x-1}$ 对应的 C 语言表达式是（　　）。

A．9*x^n/(2*x-1)　　B．9*x**n/(2*x-1)

C．9*pow(x,n)*(1/(2*x-1))　　D．9*pow(n,x)/(2*x-1)

20．执行以下程序段后，x 的值为（　　）。

```
int a=18,b=19,x;
char c='A';
x=(a&&b)&&(c<'B');
```

A．true　　B．false　　C．0　　D．1

21．以下选项中，当 x 为大于 1 的奇数时，值为 0 的表达式是（　　）。

A．x%2 = = l　　B．x/2　　C．x%2! = 0　　D．x%2==0

二、填空题

1．C 语言的关键字都用________（填“大写”或“小写”）字母。

2．若 x 和 y 均为 int 型变量，则以下语句的功能是________。

```
x+=y;y=x-y;x-=y;
```

3．有一输入函数“scanf("%d",k);”，则不能使 float 类型变量 k 得到正确数值的原因是________。

4．若 x 和 n 均是 int 型变量，且 x 和 n 的初值均为 5，x+=n++，则计算表达式后 x 的值为________，n 的值为________。

项目 3

程序设计中顺序、选择结构的使用

学习目标

1. 建立结构化程序设计处理问题的思路。
2. 熟练掌握 if 语句的使用方法。
3. 熟练掌握 if-else 语句的使用方法。
4. 熟练掌握 switch 语句的使用方法。
5. 能够运用 if 嵌套的方式解决复杂问题。

工作描述

设置食物的出现位置

在“贪吃蛇小游戏”设计中，运用顺序、选择结构程序设置食物的出现位置，确保食物与蛇身的位置不同。显示结果如图 3-0-1 所示。

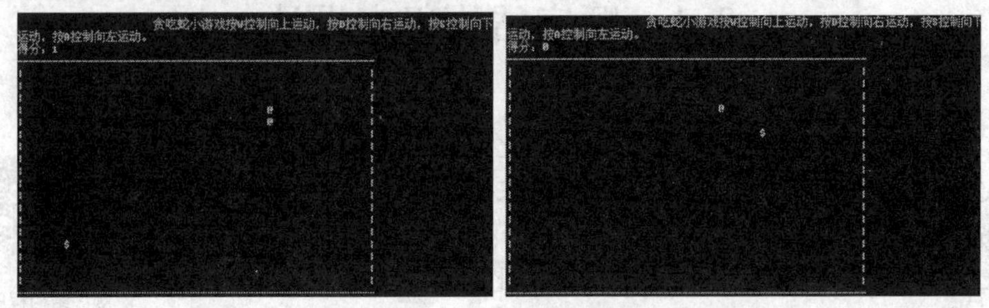

图 3-0-1　设置食物的出现位置

参考程序如下：

```
void newTab(struct snake *snake,int curx,int cury,int s)
```

```
{  int x,y;
   for(int i=0;i<WIDTH;i++)
   {  for(int j=0;j<LENGTH;j++)
      {  if(i==0||i==WIDTH-1)
             interf[i][j]='-';
         else if(j==0)
             interf[i][j]='|';
         else if(j==LENGTH-1)
             interf[i][j]='|';
         else if(i==cury&&j==curx)
             interf[i][j]='$';
         else
             interf[i][j]=' ';
      }
   }
}
```

这段代码是“贪吃蛇小游戏”设计中的一部分，其作用是输出游戏的边框，并根据 curx 和 cury 的值输出'$'（食物）的位置，在 newTab( )这个函数中，所有代码按照顺序依次执行，并在 for 语句和 if 语句的控制下进行循环和选择执行。if 语句的执行过程如下：

执行第一条语句“if (i==0 || i == WIDTH−1)”，如果括号内的条件成立，则执行“interf [i][j] = '−';”；如果不成立，则执行“else if (j==0)”。如果括号内的条件成立，则执行“interf[i][j] = '|';”……如果所有条件都不成立，则执行“interf[i][j] = ' ';”。

3.1　顺序结构程序设计

C 语言是结构化程序设计语言，结构化设计的基本思想是用顺序结构、选择结构和循环结构这三种基本结构来构造程序。由这三种基本结构组成的程序能处理任何复杂的情况。

顺序结构程序设计

C 语言提供了丰富的语句来支持结构化的程序设计。C 语句可以分为以下五大类：

1）函数调用语句。由函数调用加一个分号构成的语句。

2）表达式语句。表达式的后面加上一个分号就构成了一个表达式语句。

3）空语句。只有一个分号“;”，作为语句结束符，它表示什么也不做。

4）复合语句。由“{”和“}”把一些变量说明和语句组合在一起，称为复合语句，又称语句块（block）。

5）控制语句。控制语句共 9 种，分别为：①if 语句（条件语句）；②switch 语句（多分支选择语句）；③while 语句（循环语句）；④do-while 语句（循环语句）；⑤for 语句（循环语句）；⑥break 语句（终止执行循环语句）；⑦continue 语句（结束本次循环语句）；⑧goto 语句（转向语句）；⑨return 语句（从函数返回语句）。

顺序结构是结构化程序设计中最简单、最常见的一种程序结构。在顺序结构程序中，程序的执行是按照各语句出现的先后次序顺序执行的，并且每条语句都会被执行到。

图 3-1-1 所示为顺序结构 N-S 结构图。先执行 A 操作，再执行 B 操作，两者之间是顺序执行的关系。C 语言程序中用来实现顺序结构的语句有赋值语句、输入数据函数调用语句 scanf( )和 getchar( )、输出数据函数调用语句 printf( )和 putchar( )等。

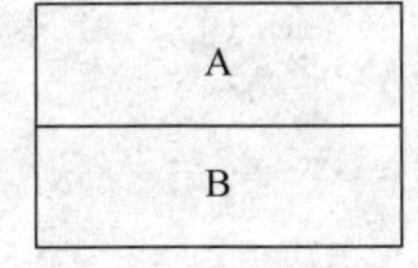

图 3-1-1　顺序结构 N-S 结构图

顺序结构程序一般包括以下两个部分。

1）编译预处理命令。

2）函数。在函数体中，包含顺序执行的各部分语句。主要有以下几个部分：①变量类型的说明部分；②提供数据部分；③运算部分；④输出部分。

【实例 3-1-1】　已知三条边 a、b、c，求三角形面积。计算三角形面积的海伦公式为

$$area = \sqrt{s(s-a)(s-b)(s-c)}$$

其中：

$$s = (a+b+c)/2$$

分析：定义整型变量 a、b、c；实型变量 s、area。

参考程序如下：

```
#include "math.h"
main()
{ int a,b,c;
  float s,area;
  scanf("%d,%d,%d",&a,&b,&c);
  s=1.0/2*(a+b+c);
  area=sqrt(s*(s-a)*(s-b)*(s-c));
  printf("area=%8.3f \n",area);
}
```

运行结果如下：

```
3,4,5↙
area=6.000
```

【实例 3-1-2】 交换两个数据并输出：从键盘输入 a、b 的值，输出交换以后的值。

分析：两个数据相互交换是程序设计的一项基本方法。假定有两个变量 a、b 保存有数据，要想交换它们的数据，需使用一个额外的变量 c 作为交换数据的中转站。类似于两个装有不同液体的瓶子进行交换一样，可以借助于第三个空的瓶子。执行的 N-S 结构图如图 3-1-2 所示。

输入两个数 a、b
c=a
a=b
b=c
输出 a、b

图 3-1-2　交换两个数据的 N-S 结构图

参考程序如下：

```
main()
{ int a,b,c;
  printf("\ninput a, b: ");
  scanf("%d,%d",&a,&b);
  printf("\nbefore exchange:a=%d  b=%d\n",a,b);
  c=a;a=b;b=c;
  printf("after exchange: a=%d  b=%d\n",a,b);
}
```

运行结果如下：

```
input a, b: 32, 57
before exchange: a=32  b=57
after exchange: a=57  b=32
```

3.2　选择结构程序设计

选择结构是对程序中某个变量或表达式的值做出判定，根据判定结果决定执行哪些语句和跳过哪些语句。为了实现选择结构的程序设计，C 语言引入了 if 语句和 switch 语句。另外，借助于条件运算符也可以实现简单的选择结构。

3.2.1　if 语句

1. if 语句的三种基本形式

用 if 语句可以构成分支结构。它根据给定的条件进行判断，以决定执行某个分支程序段。C 语言中的 if 语句有三种基本形式：if 形式（不带 else 的 if 语句，即单分支选择语句）、if-else 形式（双分支选择语句）及 if-else-if 形式（多分支选择语句）。

（1）if 形式

```
if (表达式)
    语句;
```

执行过程：先计算表达式的值，如果结果为非“0”值，则执行其后的“语句”；如果结果为“0”，则不执行“语句”。无论哪一种情况，下一步都要执行 if 语句之后的代码。该形式是不带 else 的 if 语句，其中 if 语句中的“表达式”一般为逻辑表达式或关系表达式，且表达式要用圆括号括起来。if 形式流程图如图 3-2-1 所示。

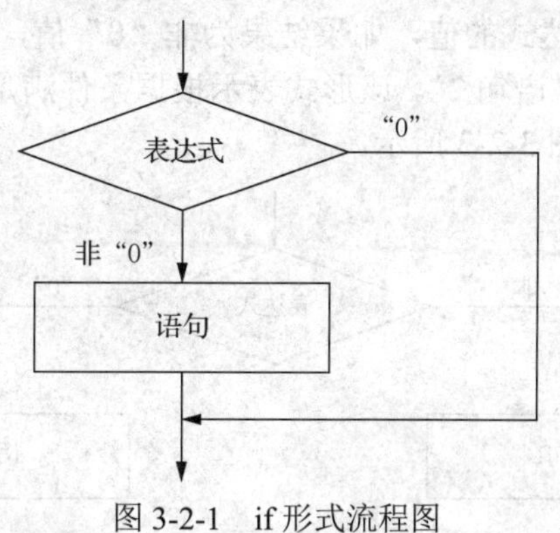

图 3-2-1　if 形式流程图

【实例 3-2-1】 输入两个整数，判断出较大数并输出。

参考程序如下：

```
#include <stdio.h>
void main()
{
    int a,b,max;
    printf("请输入要比较的两个数:\n");
    scanf("%d%d",&a,&b);
    max=a;                          //假设 a 为较大数
    if(b>max){max=b;}               //如果 a 不是较大数,则 b 是较大数
    printf("max=%d\n",max);
}
```

在实例 3-2-1 程序中，输入两个数 a、b。把 a 先赋予变量 max，再用 if 语句判别 max 和 b 的大小，如果 b 大于 max，则把 b 赋予 max。因此 max 总是较大数，最后输出 max 的值。尽管 if(b>max)后面的“max=b;”只有一条语句，可以不需要花括号，但是为了形成良好的习惯和便于以后增加一条语句时不会忘掉加花括号，所以在此添加了花括号。运行结果如图 3-2-2 所示。

图 3-2-2　输出较大数运行结果

（2）if-else 形式

```
if(表达式)
    语句 1;
else
    语句 2;
```

执行过程：先计算表达式的值，如果结果为非“0”值，则执行其后的“语句 1”；如果结果为“0”，则执行“语句 2”。该形式表示根据条件满足与否来分支执行不同的操作。if-else 形式流程图如图 3-2-3 所示。

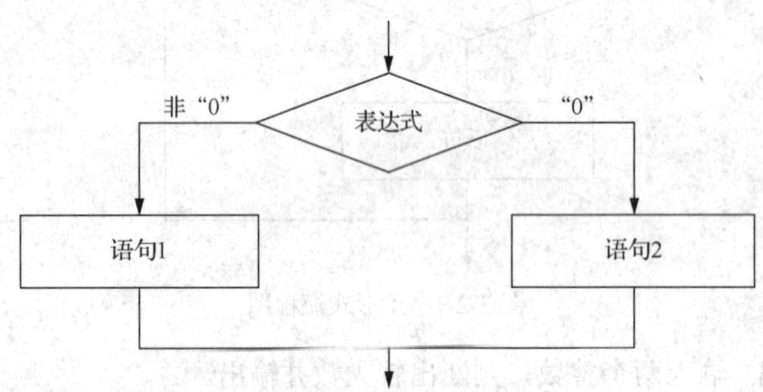

图 3-2-3　if-else 形式流程图

【实例 3-2-2】 输入两个整数，判断出大数并输出。

方法 1：在实例 3-2-1 中，用单分支实现过这个程序，现在用双分支来实现。

参考程序如下：

```
#include <stdio.h>
void main()
{
    int a,b,max;
    printf("请输入要比较的两个数:\n");
    scanf("%d%d",&a,&b);
    if(b>a)
```

```
    {
       printf("max=%d\n\n\n",b);                  //如果 b 是较大数,输出 b
    }
    else
    {
       printf("max=%d\n\n\n",a);                  //输出 a
    }
}
```

在方法 1 中，运行效果体现了输入两个整数，输出其中的较大数。改用 if-else 语句判别 a、b 的大小，若 b 较大，则输出 b，否则输出 a。

第二种形式的 if-else 结构语句相当于两条第一种形式的 if 结构语句，也可表示为

```
if(表达式)   语句 1;
if(!表达式)  语句 2;
```

但是这种形式与 if-else 结构语句也有不同之处，尽管程序的结果和正确性都相同，但是两条 if 结构语句的执行时间要比 if-else 结构语句多一次判读表达式的时间。方法 2 就是用两条 if 结构语句来实现该程序的。

方法 2：

参考程序如下：

```
#include <stdio.h>
void main()
{
    int a,b,max;
    printf("请输入要比较的两个数:\n");
    scanf("%d%d",&a,&b);
    if(b>a)
    {
       printf("max=%d\n\n\n",b);      //如果 b 是较大数,输出 b
    }
    if(b<=a)
    {
       printf("max=%d\n\n\n",a);      //输出 a
    }
}
```

方法 3： if-else 形式与条件表达式中的三目运算“表达式 1?表达式 2:表达式 3”类似，所以某些简单的 if-else 形式语句可以用操作符“?”和“:”来代替。

参考程序如下：

```
#include <stdio.h>
```

```
void main()
{
    int a,b,max;
    printf("请输入要比较的两个数:\n");
    scanf("%d%d",&a,&b);
    max=a>b?a:b;
    printf("max=%d\n\n\n",max);
}
```

（3）if-else-if 形式

```
if(表达式1)              语句1;
else  if(表达式2)        语句2;
else  if(表达式3)        语句3;
…
else if (表达式m)        语句m;
else                    语句n;
```

执行过程：

如果表达式 1 为非“0”，执行“语句 1”，然后自动退出多分支语句结构，继续执行选择结构下面的语句。

如果表达式 1 为“0”，不执行“语句 1”，再来判断表达式 2 是否为非“0”。

如果表达式 2 为非“0”，执行“语句 2”，然后自动退出多分支语句结构，继续执行选择结构下面的语句。

如果表达式 2 为“0”，不执行“语句 2”，再来判断表达式 3 是否为非 0。以此类推。

如果所有的条件都不成立，则执行最后一个“语句 n”，然后继续执行选择结构下面的语句。if-else-if 形式流程图如图 3-2-4 所示。

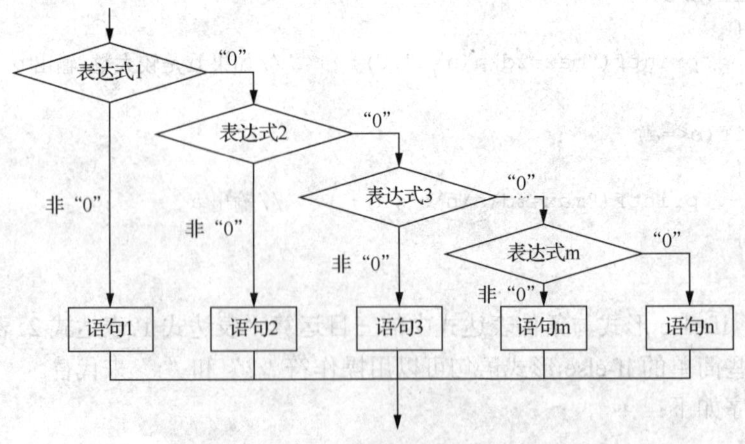

图 3-2-4　if-else-if 形式流程图

【实例 3-2-3】将成绩的百分制转换为等级制。百分制与等级制的对应关系如下：90～100 分对应 A 级，80～89 分对应 B 级，70～79 分对应 C 级，60～69 分对应 D 级，0～59 分对应 E 级，其他分数输入错误。

参考程序如下：

```
#include "stdio.h"
void main()
{
    float score;
    printf("请输入你的成绩分数:\n");
    scanf("%f",&score);
    if((score>100)||(score<0)){ printf( "你输入的成绩分数有误!\n");}
    else  if(score>=90)  { printf("你的成绩等级是 A \n");}
    else  if(score>=80)  { printf("你的成绩等级是 B \n");}
    else  if(score>=70)  { printf("你的成绩等级是 C \n");}
    else  if(score>=60)  { printf("你的成绩等级是 D \n");}
    else  { printf("你的成绩等级是 E \n");}
}
```

运行结果如图 3-2-5 所示。

图 3-2-5　成绩的百分制转换为等级制运行结果

2. *if 语句的嵌套*

如果 if 的内嵌语句中又使用了一个 if 语句，则构成 if 语句的嵌套。一般形式如下：

```
if(表达式 1)
    if(表达式 2)     语句 1;┐
    else            语句 2;┘
else
    if(表达式 3)     语句 3;┐
    else            语句 4;┘
```

if 语句的嵌套流程图如图 3-2-6 所示。

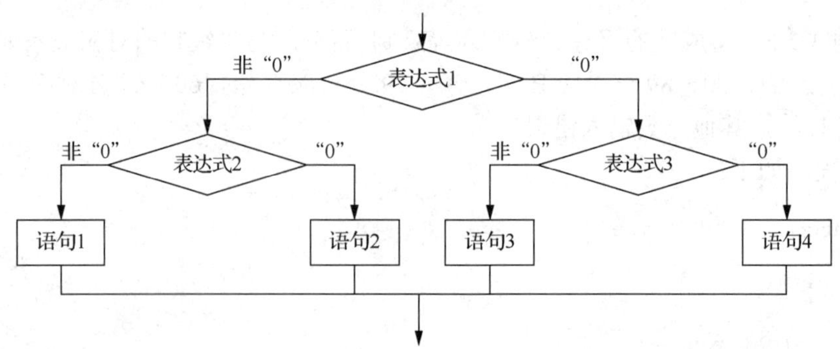

图 3-2-6　if 语句的嵌套流程图

执行过程：

如果“表达式 1”的值为非“0”，再判断“表达式 2”的值，如果“表达式 2”的值为非“0”，则执行“语句 1”；如果“表达式 2”的值为“0”，则执行“语句 2”。如果“表达式 1”的值为“0”，再判断“表达式 3”的值，如果“表达式 3”的值为非“0”，则执行“语句 3”；如果“表达式 3”的值为“0”，则执行“语句 4”。

它有多种变形的形式，以下是其中的几种。

1）if-else 语句嵌套在 if 子句中：

```
if(表达式 1)
   if(表达式 2) 语句 1;  }
   else 语句 2;          }
else 语句 3;
```

2）if-else 语句嵌套在 else 子句中：

```
if(表达式 1) 语句 1;
else
   if(表达式 2) 语句 2;  }
   else 语句 3;          }
```

3）if 语句嵌套在 if 子句中：

```
if(表达式 1)
   {if(表达式 2) 语句 1;}
else 语句 2;
```

4）if 语句嵌套在 else 子句中：

```
if(表达式 1) 语句 1;
else
   {if(表达式 2) 语句 2;}
```

5）多层嵌套：

```
if(表达式 1)
   if(表达式 2)
      if(表达式 3) 语句 3;
      else 语句 4;
   else 语句 2;
else 语句 1;
```

在这些嵌套结构中，一定要注意 if 与 else 的配对关系，即从最内层开始，else 总是与它上面最近的未配对的 if 配对。如果 if 与 else 数目不一样，为了达到程序完成的功能，可以使用“{}”确定配对关系。例如：

```
if(表达式 1)
   { if(表达式 2) 语句 1; }
else 语句 2;
```

这里的 else 与“if(表达式 1)”配对。

如果去掉“{}”，成为

```
if(表达式 1)
   if(表达式 2) 语句 1;
else 语句 2;
```

则是 else 与“if(表达式 2)”配对，因为 else 离“if(表达式 2)”最近。

说明：为了使嵌套的层次清晰，建议把程序写成如上面所示的锯齿状（缩进左对齐）层次格式。

【实例 3-2-4】 判断输入的数字是奇数还是偶数，如果是奇数，则进一步判断它是否为 3 的倍数。

参考程序如下：

```
main()
{ int x;
  scanf("%d",&x);
  if (x%2!=0)
  { printf("%d is an odd \n",x) ;
     if (x%3==0)
     printf("%d is  Multiple of 3 \n",x) ;
  }
  else
     printf("%d is an even \n",x)
}
```

3.2.2 switch 语句

在实际编程过程中，有时会遇到一些判断条件非常多的情况，下面就是一个判断条件比较多的实例。

【实例 3-2-5】 根据从键盘输入的学生成绩等级字母 A、B、C、D、E 来输出学生成绩分数的范围。假如从键盘输入的字母是 A，则输出“你的成绩在 90～100 分”；从键盘输入 B，则输出“你的成绩在 80～89 分”；从键盘输入 C，则输出“你的成绩在 70～79 分”；从键盘输入 D，则输出“你的成绩在 60～69 分”；从键盘输入 E，则输出“你的成绩在 60 分以下”；如果从键盘输入的不是这五个字母，则出现提示“输入成绩等级字母错误!”。请编写一个程序，实现该功能。

方法 1：

参考程序如下：

```
#include <stdio.h>
void main()
{
    char grade;
    printf("请输入大写的学生成绩等级字母:\n");
    scanf("%c",&grade);
    if(grade=='A')printf("你的成绩在 90～100 分\n");
    else if(grade=='B')printf("你的成绩在 80～89 分\n");
    else if(grade=='C')printf("你的成绩在 70～79 分\n");
    else if(grade=='D')printf("你的成绩在 60～69 分\n");
    else if(grade=='E')printf("你的成绩在 60 分以下\n");
    else printf("输入成绩等级字母错误!\n");
}
```

运行结果如图 3-2-7 所示。

```
请输入大写的学生成绩等级字母
A
你的成绩在90~100分
请按任意键继续. . .
```

图 3-2-7　if-else-if 形式输出学生成绩分数的范围运行结果

方法 2：

参考程序如下：

```
#include <stdio.h>
void main()
```

```
{
    char grade;
    printf("请输入大写的学生成绩等级字母:\n");
    scanf("%c",&grade);
    if(grade=='A')printf("你的成绩在 90～100 分\n");
    if(grade=='B')printf("你的成绩在 80～89 分\n");
    if(grade=='C')printf("你的成绩在 70～79 分\n");
    if(grade=='D')printf("你的成绩在 60～69 分\n");
    if(grade=='E')printf("你的成绩在 60 分以下\n");
    if(grade!='A'&&grade!='B'&&grade!='C'&&grade!='C'&&grade!='D'
&&grade!='E')
    {printf("输入成绩等级字母错误!");}
}
```

运行结果如图 3-2-8 所示。

```
请输入大写的学生成绩等级字母
C
你的成绩在70~79分
请按任意键继续. . .
```

图 3-2-8　if 方式输出学生成绩分数的范围运行结果

在这个例子中，有五个条件判断，有些烦琐，是否有其他方法来代替多重条件判断的 if 语句呢？

当然有，C 语言提供了一个语句用来实现多分支选择结构，即 switch 语句。

多分支结构可以使用嵌套的 if 语句处理，但如果分支较多，嵌套的 if 语句层数也会增多，使程序变得冗长，降低了可读性。因此，C 语言提供了 switch 语句，因为该语句与多路开关非常相似，所以又形象地被称为开关语句。它是多分支选择语句，每个分支、每种情况均可通过一个常量表达式取不同的值来描述。其一般形式如下：

```
switch(表达式)
{
    case 常量表达式 1:语句 1 ;
    case 常量表达式 2:语句 2 ;
    …
    case 常量表达式 n:语句 n;
    default:语句 n+1;
}
```

执行过程：

形象地讲，switch 语句的执行过程类似于拿着电影票（电影票就是 switch 后的“表达式"）到电影院去找座位（座位就是 case 后的常量表达式），对号入座。

具体执行过程为首先计算"表达式"的值，然后将其结果值依次与每一个常量表达式的值进行匹配（常量表达式的值的类型必须与"表达式"的值的类型相同）。如果匹配成功，则执行该常量表达式后面的语句系列。当遇到 break 时，则立即结束 switch 语句的执行，否则顺序执行到花括号中的最后一条语句。default 情形是可选的，如果没有常量表达式的值与"表达式"的值匹配，则执行 default 后面的语句系列。需要注意的是，"表达式"值的类型多为字符型、整型或枚举型，这个表达式可以是一个变量，也可以是变量组成的表达式。

在使用 switch 结构时，需要注意以下几个问题：

1）switch 括号后面的表达式允许为任何类型，多为字符型、整型或枚举型。

2）case 和 default 出现的先后次序不影响执行结果。

3）每一个 case 后面的常量表达式的值必须互不相同，否则就会出现矛盾，即对表达式的同一个值，有两种或多种执行情况。

4）switch 结构内的各个 case 及其后语句执行的流程为顺序执行。因此，执行完一个 case 后面的语句后，流程控制自动转移到下一个 case 中的语句继续执行。此时，"case 常量表达式 n"只起到语句标号的作用，并不在此处进行条件判断。在执行一个分支后，可以使用 break 语句使流程跳出 switch 结构，即终止 switch 语句的执行，但是在最后一个分支之后可以不使用 break 语句。

5）case 后面如果有多条语句，可以不用{}括起来。

6）多个 case 可以共用一组执行语句（注意 break 使用的位置）。

【实例 3-2-6】 用 switch 语句改写实例 3-2-5 中的程序。

分析：该程序的流程图如图 3-2-9 所示。

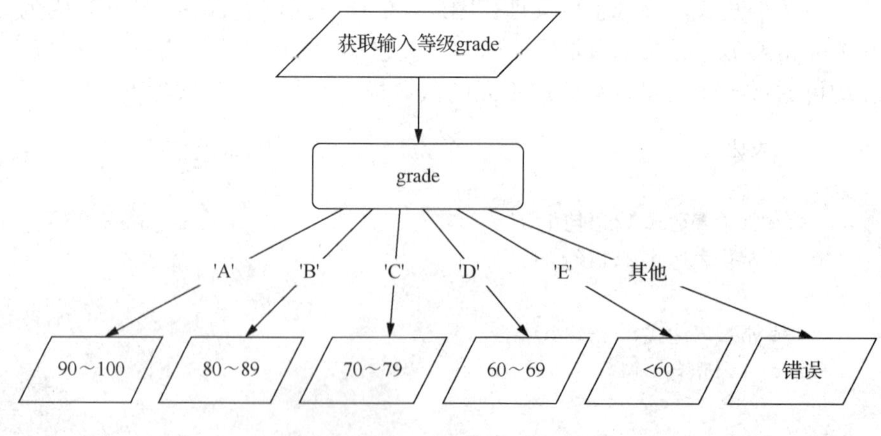

图 3-2-9 程序流程图

参考程序如下：

```
#include <stdio.h>
void main()
{
    char grade;
    printf("请输入大写学生成绩的等级字母:\n");
    scanf("%c",&grade);
    switch(grade)
    {
        case 'A':printf("你的成绩在 90～100 分\n");break;
        case 'B':printf("你的成绩在 80～89 分\n");break;
        case 'C':printf("你的成绩在 70～79 分\n");break;
        case 'D':printf("你的成绩在 60～69 分\n");break;
        case 'E':printf("你的成绩在 60 分以下\n");break;
        default :printf("输入成绩等级字母错误!\n");
    }
}
```

运行结果如图 3-2-10 所示。

```
请输入大写学生成绩的等级字母
B
你的成绩在80~89分
请按任意键继续. . .
```

图 3-2-10　case 方式输出学生成绩分数的范围运行结果

【实例 3-2-7】 已知 x=100，y=15，要求输入一个算术运算符（+、-、* 或 / ），并对 x 和 y 进行指定的算术运算。

分析：设 x 和 y 为 float 型变量并赋初值，输入的运算符 op 为 char 型变量，根据 op 的值（为'+'、'-'、'*'、'/'）进行 x 和 y 的相加、相减、相乘、相除运算（选择分支），还要考虑输入字符不是+、-、* 或 / 时的情况。

参考程序如下：

```
#include "stdio.h"
main()
{ float x=100,y=15,z;char op;
  op=getchar();
  switch (op)
  {   case '+': z=x+y;break;
      case '-': z=x-y;break;
```

```
      case '*': z=x*y;break;
      case '/': z=x/y;break;
      default: z=0;
    }
   if((int)z!=0) printf("%f%c%f=%f\n",x,op,y,z);
   else printf ("%c is not an operator\n",op);
}
```

3.3 实践训练：设置“贪吃蛇小游戏”中食物的出现位置

运用 C 语言编写程序设置“贪吃蛇小游戏”中食物的出现位置。

【分析】

“贪吃蛇小游戏”在运行时包括多个组件，如标题和边框的显示、食物的出现、蛇头的运动与控制、分数的显示等，各组件之间通过密切配合最终呈现一个完成的程序。在设计时，人们总希望标题在第一时间显示出来，其次才是食物和蛇头，然后通过键盘输入相应的数据后，蛇头能根据操作按指定方向移动，在蛇吃到食物后，食物又重新出现。这一系列过程都是按照一定顺序执行的，但在执行的过程中还要根据情况进行判断和选择。它们是如何实现的呢？

下面分析“贪吃蛇小游戏”中食物的出现位置：食物的位置始终只有一个，相对于蛇身来说，其处理难度较低，所以可将其融合在活动区域的绘制中，在输出边框和活动区域时一并处理。边框所在位置是一个矩形区域的四周，其中上、下边框由多条短横线组成，左、右边框由多条竖线组成，食物、蛇头、蛇身全部在中间区域，其余部分无显示。为了便于处理，整个矩形区域的图形可以用一个二维数组进行存储，二维数组的第一行存储'-'作为上边框，最后一行存储'-'作为下边框，每行的第一个元素和最后一个元素存储'|'作为左、右边框。程序中，食物的坐标位置确定后，在调用函数时将其坐标值作为实参进行传递，在输出边框和活动区域时，在相应的位置替换成'$'即可。

【编程】

参考程序如下：

```
void newTab(struct snake *snake,int curx,int cury,int s)
{
   int x,y;
   for(int i=0;i<WIDTH;i++)
```

```
    {  for(int j=0;j<LENGTH;j++)
       {  if(i==0||i==WIDTH-1)
              interf[i][j]='-';
          else if(j==0)
              interf[i][j]='|';
          else if(j==LENGTH-1)
              interf[i][j]='|';
          else if(i==cury&&j==curx)
              interf[i][j]='$';
          else
              interf[i][j]=' ';
       }
    }
  }
```

【运行结果】

程序运行结果如图 3-3-1 所示。

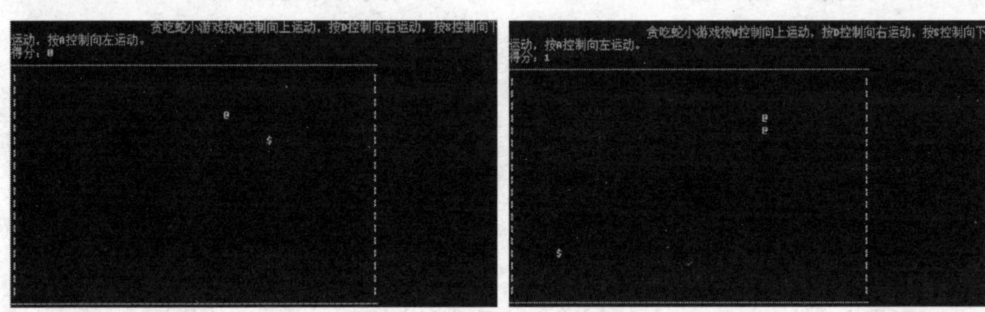

图 3-3-1　程序运行结果

习　　题

一、选择题

1. 以下是 if 语句的基本形式：

```
if(表达式)语句;
```

其中“表达式”（　　）。

A. 必须是逻辑表达式　　　　B. 必须是关系表达式

C．必须是逻辑表达式或关系表达式　　D．可以是任意合法的表达式

2．设变量 x 和 y 均已正确定义并赋值。以下 if 语句中，在编译时将产生错误信息的是（　　）。

A．f(x–);　　　　B．f(x<y&&y!=0);

C．if(x>y)x++
　　else y++;

D．if(y<0) {;}
　　else x–;

3．下列条件语句中，功能与其他语句不同的是（　　）。

A．if(a)　　printf("%d\n",x);　else　printf("%d\n",y);

B．if(a==0)　　printf("%d\n",x);　else　printf("%d\n",y);

C．if(a!=0)　　printf("%d\n",x);　else　printf("%d\n",y);

D．if(!a==0)　　printf("%d\n",x);　else　printf("%d\n",y);

4．有定义语句“int a=1,b=2,c=3,x;”，则以下选项中各程序段执行后，x 的值不为 3 的是（　　）。

A．if (c<a) x=1;
　　else if (b<a) x=2;
　　else x=3;

B．if (a<3) x=3;
　　else if (a<2) x=2;
　　else x=1;

C．if (a<3) x=3;
　　if (a<2) x=2;
　　if (a<1) x=1;

D．if (a<b) x=b;
　　if (b<c) x=c;
　　if (c<a) x=a;

5．以下 if 语句不正确的是（　　）。

A．if(x>y&&x! =z);　　　　B．if(x! =y)　x+ = y;

C．if(x! =y) (x++ ;y++;)　　　　D．if(x==y) scanf("%d,%d",&x,&y);

6．变量定义为“int x=1,y=2,z=3;”，以下语句执行后 x、y、z 的值是（　　）。

```
if(x>y)
z=x;x=y;y=z;
```

A．x=1,y=2,z=3　　　　B．x=2,y=3,z=3

C．x=2,y=3,z=1　　　　D．x=2,y=3,z=2

7．以下程序的运行结果是（　　）。

```
int m=6;
if (m++>6) printf("%d\n",m);
else  printf("%d\n",m--);
```

A．4　　B．5　　C．6　　D．7

8．有一分段函数见题 8 表。

题 8 表　分段函数

x 的范围	y 和 x 的关系
x<0	y=x−1
x=0	y=x
x>0	y=x+1

以下程序段中能正确表示如上关系的是（　　）。

A．y=x+l,
if(x>=0)
if(x==0)
y=x;
else y=x−1;

B．y = x−1;
if(x!=0)
if(x>0)
y=x+1;
else y=x;

C．if(x< = 0)
if(x<0)
y=x−1
else y=x;
else y=x+1;

D．y=x;
if(x<=0)
if(x<0)
y=x−1;
else y=x+1;

9. 为了避免在嵌套的 if-else 语句中产生歧义，C 语言规定：else 语句总是与（　　）配对。

A．缩排位置相同的 if 语句　　B．其之前最近的未配对的 if 语句

C．其之后最近的 if 语句　　D．同一行上的 if 语句

10．有如下嵌套的 if 语句：

```
if(a<b) if(a<c) k=a;
   else k=c;
else
   if(b<c) k=b;
   else k=c;
```

以下选项中与上述 if 语句等价的语句是（　　）。

A．k=(a<b)?a:b;k=(b<c)?b:c;　　B．k=(a<b)?((b<c)?a:b):((b>c)?b:c);

C．k=(a<b)?((a<c)?a:c):((b<c)?b:c);　　D．k=(a<b)?a:b;k=(a<c)a:c;

11．下面关于 switch 语句和 break 语句的叙述中，只有（　　）是正确的。

A．break 语句是 switch 语句中的一部分

B．在 switch 语句中可以根据需要使用或不使用 break 语句

C．在 switch 语句中必须使用 break 语句

D．以上三个叙述都不正确

12．以下程序段的输出是（　　）。

```
int a=8,b=12,c=7;
if(a>b)
  a=b;
  c=a;
```

```
if(c!=a)
  c=b;
printf("%d,%d,%d\n" ,a,b,c);
```

A．程序段有语法错　　　　B．8,12,8
C．8,12,12　　　　D．8,12,7

13．以下程序段的输出是（　　）。

```
int a,b,c;
a=10;b=50;C=30;
if(a>b) a=b,b=c,c=a;
printf("a=%d b=%d c=%d\n ",a,b,c);
```

A．a=10 b=50 c=10　　　　B．a=10 b=50 c=30
C．a=10 b=30 c=10　　　　D．a=50 b=30 c=50

二、填空题

1．下列程序段的输出结果是________。

```
void main()
{
    int n='d';
    switch(n++)
    {
        default:printf( "*error");break ;
        case 'a':case 'A':case' b':case 'B' : printf ( "good" ); break;
        case 'c':case 'C':printf("pass");
        case 'd':case 'D':printf("warn");
    }
}
```

2．输入三个整数，按从大到小的顺序进行输出。请填空。

```
void main()
{
    int n1,n2,n3,temp;
    scanf("%d%d%d",&n1,&n2,&n3);
    if(_______)              //希望 n2 存放的数比 n3 大
    {temp=n2;n2=n3;n3=temp;}
    if(_______)              //希望 n1 存放的数比 n3 大
    {temp=n1;n1=n3;n3=temp;}
    if(_______)              //希望 n1 存放的数比 n2 大
```

```
    {temp=n1;n1=n2;n2=temp;}
    printf("%d,%d,%d",num1,num2,num3);
}
```

3．输入一个字符，如果它是一个大写字母，则把它变成小写字母；如果它是一个小写字母，则把它变成大写字母；其他字符不变。请填空。

```
void main()
{
    char  chr;
    scanf ("%c",&chr);
    if (_______) chr=chr+32;
    else if (chr>='a'&&chr<='z')_______;
    printf ("%c",chr);
}
```

4．输入一个整数，判断它是否是 3 的倍数且又是 5 的倍数，若是则输出 YES，若不是则输出 NO。请填空。

```
void main()
{   int x;
    printf("please input data!\n");
    scanf("%d",&x);
    if(_____________);
       printf("YES");
    else
       printf("NO");
}
```

5．输入学生成绩后分别输出 A、B、C、D、E 等，即 A：90～100，B：80～89，C：70～79，D：60～69，E：0～59。请填空。

```
void main()
{
    int grade;
    scanf("%d",&grade);
    switch (___________)
    {
       case 10:
       case 9: printf("A\n");break;
       case 8: printf("B\n");break;
       case 7: printf("C\n");break;
```

```
        case 6: printf("D\n");break;
        default: printf("E\n");break; }
    }
}
```

6．以下程序用于判断 a、b、c 能否构成三角形，若能则输出 YES，若不能则输出 NO。当 a、b、c 输入三角形三条边长时，确定 a、b、c 能否构成三角形需要同时满足三个条件：a+b>c，a+c>b，b+c>a。请填空。

```
void main()
{
    float a,b,c;
    scanf("%f%f%f",&a,&b,&c);
    if(______)printf("YES\n");     //a,b,c 能构成三角形
    else printf("NO\n");           //a,b,c 不能构成三角形
}
```

7．从键盘上输入一个字符，判断输入的字符是字母、数字，还是其他字符。例如，输入 G，则输出 capital；输入 8，则输出 number；输入“!”，则输出 other。请填空。

```
void  main()
{
     char c;scanf("%c",&c);
     if((c>='a'&&c<='z')||(c>='A'&&c<='Z'))
        printf("capital\n");
     else if(________)
        printf("number\n");
     else
        printf("other\n");
}
```

项目 4

程序设计中循环结构的使用

学习目标

1. 熟练掌握 while、do-while 语句的使用方法。
2. 熟练掌握 for 语句的使用方法。
3. 熟练掌握 break、continue 语句的使用方法。
4. 善于用循环嵌套的方式解决复杂问题。

工作描述

循环输出目标数据以产生动画效果

用 C 语言编写一段代码来实现“贪吃蛇小游戏”中蛇身的绘制及其活动区域的设定。显示效果如图 4-0-1 所示。

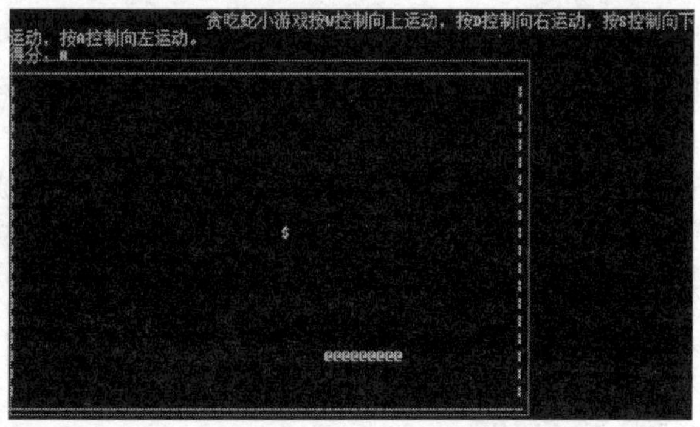

图 4-0-1　贪吃蛇蛇身绘制及其活动区域

参考程序如下：

```
void drawRoute(void)
{
    for(int i=0;i<WIDTH;i++)
    {
        for(int j=0;j<LENGTH;j++)
        {
            printf("%c",interf[i][j]);
        }
        printf("\n");
    }
}
```

这段代码是“贪吃蛇小游戏”设计中的一部分，其作用是绘制蛇身及其活动区域。通过简单的两个循环语句，就可以实现运用顺序和选择结构程序设计成千上万行代码的工作。for 语句执行过程如下：执行“for (int j = 0; j < LENGTH; j++)”，定义变量 j 并赋初值为 0，如果 j < LENGTH，执行“printf("%c", interf[i][j]);”，输出边框和蛇身，执行 j++，j 的值加 1，再判断 j < LENGTH 是否成立，成立则执行“printf("%c", interf[i][j]);”，直到 j>= LENGTH，结束。

4.1　循环结构程序设计

循环结构是结构化程序的三种基本结构之一，它和顺序结构、选择结构共同作为各种复杂程序的基本构造单位。许多问题都可归结为按照一定的规则不停地、重复地做同一件事情，就像时钟一样一圈一圈地转动。其实，重复执行的操作就是循环。但是，重复执行并不是简单地重复，每次只有条件满足才重复，而且操作的数据（状态、条件）都可能发生变化，也就是说，重复的动作是受控制的循环结构。

循环结构是程序中一种很重要的结构。其特点是，在给定条件成立时，反复执行某程序段，直到条件不成立为止。循环执行之前的初始状态称为循环初值，给定的条件称为循环条件，反复执行的程序段称为循环体。C 语言提供了多种循环语句，可以组成各种不同形式的循环结构。

三种基本的循环控制语句如下：

1）while 语句构成的循环结构（当型循环）。

2）do-while 语句构成的循环结构（直到型循环）。

3）for 语句构成的循环结构（当型循环）。

4.1.1　while 循环控制

while 语句通过判断循环控制条件是否满足来决定是否继续循环，即当循环条件满足时就执行循环体的操作，所以又称当型循环，其流程图如图 4-1-1 所示。

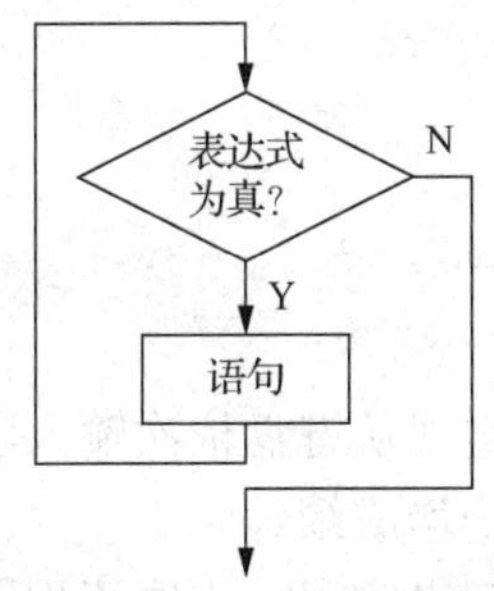

图 4-1-1　while 循环流程图

while 语句的一般形式为

```
while(表达式) 循环体语句;
```

执行过程：先计算表达式的值，当条件为非“0”时，执行循环体语句，直到条件为“0”时才跳出循环，继续执行循环体外的后续语句。

说明：

1）while 语句的初始状态在 while 语句之前进行设置，不能在循环体中进行循环初值的设置。

2）while 语句的特点是先计算表达式的值，然后根据表达式的值决定是否执行循环体中的语句。该表达式一般是关系表达式或逻辑表达式。因此，如果表达式的值一开始就为“0”，那么循环体一次也不会被执行。

3）当循环体由多个语句组成时，必须用{}括起来，构成复合语句。如果不加花括号，则 while 语句的范围只到 while 后的第一个分号处。

4）在循环体中应有使循环趋于结束的语句，以避免“死循环”的发生。但是在不同的系统中，有时根据需要故意设置程序为死循环，如在单片机的主函数中。

5）单独一个分号也是一条有效语句，即空语句，表示什么也不执行。当空语句作为循环体时，一般用作延时。

【实例 4-1-1】 用 while 语句编程求 100 个自然数的和。

分析：加数 i——从 1 变到 100，每循环一次，使 i 增 1，直到 i 值超过 100。i 的初值设为 1。求和——设变量 sum 存放和，循环求 sum=sum+i，直至 i 超过 100。

参考程序如下：

```
main()
{ int i,sum;
  i=1; sum=0;
  while(i<=100)
    { sum=sum+i;
      i++;
    }
  printf("sum=%d\n",sum);
}
```

【实例 4-1-2】 用 while 语句实现从键盘依次输入学生的 C 语言成绩，当输入小于 0 时，停止输入，输出学生人数及平均成绩。

分析：该问题可以用循环语句来实现，程序流程图如图 4-1-2 所示。

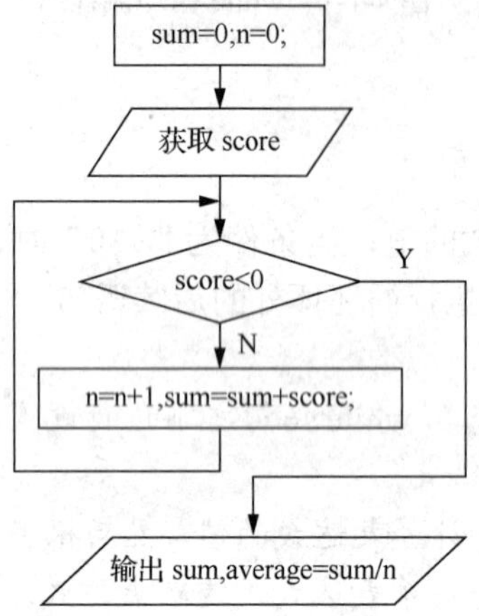

图 4-1-2　求平均成绩的流程图

参考程序如下：

```
#include <stdio.h>
void main()
{
    int n;
    float sum,score,average;
    n=0;
    sum=0;
    printf("请输入学生C语言成绩，以负数结束成绩的输入\n");
    scanf("%f",&score);
    while(score>0)              //输入小于 0 时,循环结束
```

```
    {
        n=n+1;                  //记录学生人数
        sum=sum+score;          //成绩累加
        scanf("%f",&score);
    }
    if (n>0)
    {
        average=sum/n;          //求平均成绩
        printf("学生人数是%d，平均成绩是：%.2f\n",n,average);
    }
    else
    {
        printf("没有输入学生的成绩");
    }
}
```

运行结果如图 4-1-3 所示。

```
请输入学生C语言成绩，以负数结束成绩的输入
89 56 78 95 95 86 81 75 95 -25
学生人数是9 ,平均成绩是: 83.33
请按任意键继续. . .
```

图 4-1-3　输出学生人数及平均成绩运行结果

该程序要注意以下几点：

1）while 后面的括号( )不能省略，表达式的值是循环的控制条件。

2）实例 4-1-2 中循环体包含三条语句，while 后面的{}不能去掉，否则只对 n=n+1 进行循环。循环体如果包含一条以上的语句，则应该用花括号括起来，以复合语句的形式出现。

3）在循环体中应有使循环趋向于结束的语句。例如，在实例 4-1-2 中，循环结束的条件是 score<0。当把这个班的成绩全部输完后，一定要输入一个负数，这样才能使程序退出循环。当然也可以第一次输入的分数就是负数，此时循环体一次也不会被执行。

4）变量 sum 的作用是存放求和时的中间值，应该在 while 语句之前进行赋初值。

4.1.2　do-while 循环控制

do-while 语句可以实现直到型循环结构，不管条件是否成立，至少执行循环体一次。

do-while 循环控制

do-while 语句的一般形式为

```
do 循环体语句
```

```
while (表达式);
```

表示继续执行循环体语句，直到条件不成立时循环结束，因此称为直到型循环。

执行过程：先执行内嵌语句，再计算表达式的值，值为真时，再执行循环体并判断条件，直到表达式的值为假，结束循环，执行后续语句。do-while 循环流程图如图 4-1-4 所示。

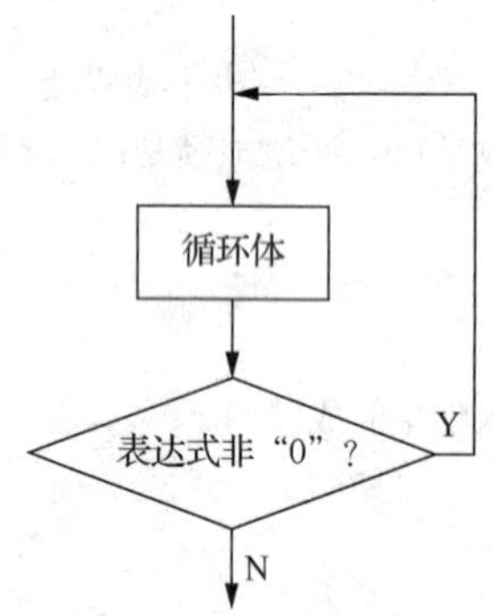

图 4-1-4　do-while 循环流程图

【实例 4-1-3】 用 do-while 语句编程求 100 个自然数的和。

分析：加数 i——从 1 变到 100，每循环一次，i 增 1，直到 i 值超过 100。i 的初值设为 1。求和——设变量 sum 存放和，循环求 sum=sum+i，直至 i 超过 100。

参考程序如下：

```
main()
{ int i=1,sum=0;
  do
   { sum=sum+i;
      i++;
    } while (i<=100);
  printf("%d\n",sum);
}
```

while 语句和 do-while 语句的区别如下：

1）do-while 语句先执行循环体，再判断条件，循环体至少执行一次。

2）while 语句先判断条件，再执行循环体，循环体有可能一次也不执行。

使用 do-while 语句的注意事项如下：

1）do-while 语句中的表达式一般是关系表达式或逻辑表达式，只要表达式的值为真（非“0”），即可继续循环。

2）循环体若包含一条以上的语句，则必须用{}括起来，组成复合语句。

3）应注意循环条件的选择，以避免死循环。

4）允许 do-while 语句的循环体又是 while 语句、for 语句或 do-while 语句，从而形成多重循环。

4.1.3　for 循环控制

for 语句是 C 语言中使用最为灵活方便的循环语句。

for 语句的一般形式为

```
for(表达式 1;表达式 2;表达式 3)
循环体语句;
```

其中，“表达式 1”通常用来给循环变量或其他变量赋初值，一般是赋值表达式，也可以省略该表达式；“表达式 2”通常是循环条件，一般为关系表达式或逻辑表达式；“表达式 3”通常用来修改循环控制变量的值（增量或减量运算），一般是赋值语句，在有限次循环后，它可以使程序正常结束循环。for 循环流程图如图 4-1-5 所示。

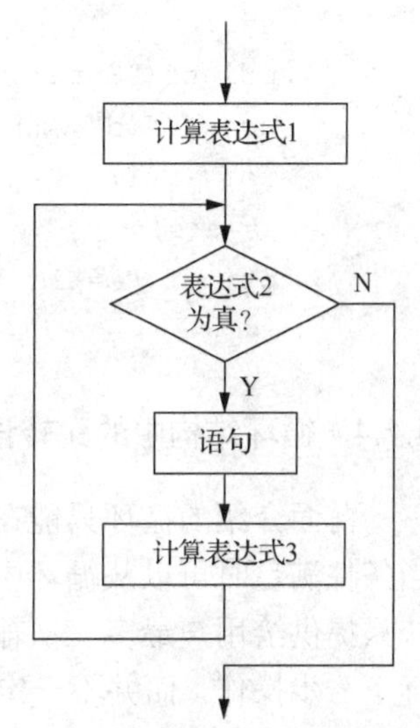

图 4-1-5　for 循环流程图

执行过程：计算“表达式 1”的值，再判断“表达式 2”，如果其值为真，则执行内嵌语句，通过“表达式 3”的计算，再去判断表达式 2，一直到“表达式 2”为假，结束循环，执行后续语句。

【实例 4-1-4】 用 for 语句编程求 100 个自然数的和。

分析：加数 i——从 1 变到 100，每循环一次，i 增 1，直到 i 值超过 100。i 的初值设为 1。求和——设变量 sum 存放和，循环求 sum=sum+i，直至 i 超过 100。

参考程序如下：

```
main()
{ int i,sum;
  sum=0;
  for(i=1;i<=100;i++)
      sum=sum+i;
  printf("sum=%d\n",sum);
}
```

【实例 4-1-5】 求 m 的阶乘。

分析：

1）乘数 i，初值为 1，终值为 m。

2）累乘器 s，每次循环令时 s=s*i。

参考程序如下：

```
main()
{ int i,m;
  long s;
  s=1;
  printf("Enter m:");
  scanf("%d",&m);
  for (i=1; i<=m; i++)
   s=s*i;
  printf("s=%ld \n",s);
}
```

4.1.4 循环结构中的跳转语句

循环结构中的跳转语句

前面介绍的循环只能在循环条件不成立的情况下才能退出循环，可是有时人们希望当条件满足时可以从循环中直接退出来（当到银行取款时，经常会碰到这样的情况，系统只提供给用户最多三次输入密码的机会，三次中任何一次输入正确均可进入系统，进行下一步操作，而并不一定要输完三次密码后才可以进入系统）或重新进行下一次循环（统计输入的 10 个整数中正数的个数），要想实现这样的功能就要用到本节介绍的辅助控制语句，即 continue 和 break 等语句。

1. continue 语句

continue 语句的形式为

```
continue;
```

continue 语句被称为继续语句。该语句的功能是使本次循环提前结束，即跳过循环体中 continue 语句后面尚未执行的循环体语句，继续进行下一次循环的条件判别。

说明：continue 语句只用于 while、do-while 和 for 等循环语句（图 4-1-6）中，常与 if 语句一起使用，起到加速循环的作用。

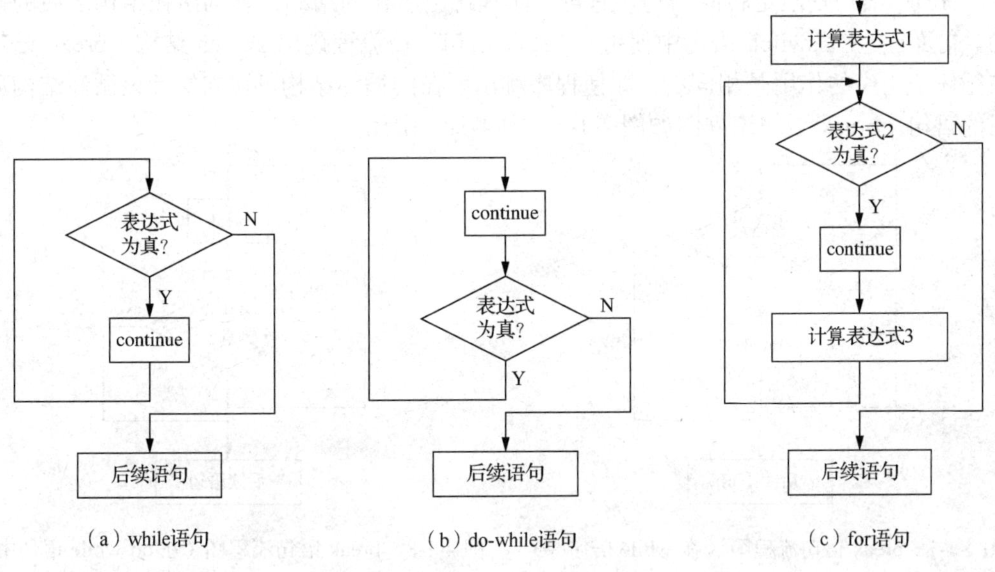

图 4-1-6　continue 语句应用情形

【实例 4-1-6】 把 10～300 中能被 5 整除的数，以 10 个数为一行的形式输出，最后输出这样的数的个数。

参考程序如下：

```
main()
{ int m,p=0;
  for(m=10;m<=300;m++)
    { if(m%5!=0)
          continue;
      printf("%5d",m);
      p++;
      if(p%10==0)
         printf("\n");
    }
   printf(" \n p=%d\n",p);
}
```

2. break 语句

break 语句的形式为

```
break;
```

break 语句是限定转向语句，它可使流程跳出所在的结构，转向所在结构之后的语句。前面已经在 switch 语句中使用过 break 语句，使流程跳出 switch 结构。break 语句在循环结构中的作用是相同的，即使程序跳出所在的循环结构，转向执行该循环结构后面的语句。break 语句流程图如图 4-1-7～图 4-1-9 所示。

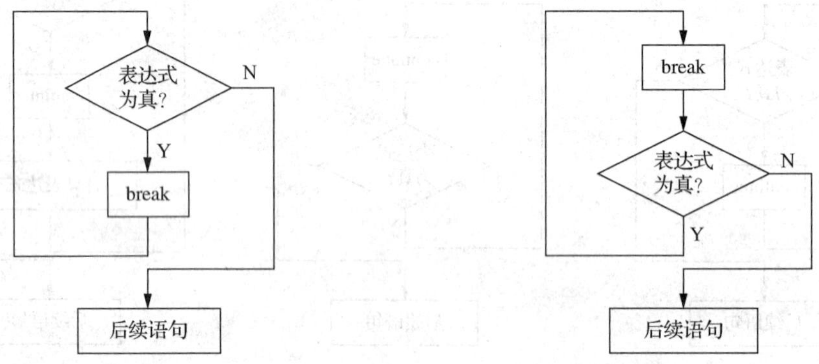

图 4-1-7　break 语句流程图（在 while 语句中）　图 4-1-8　break 语句流程图（在 do-while 语句中）

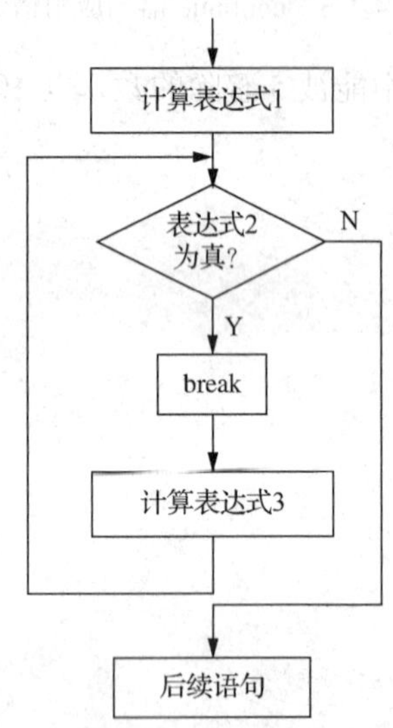

图 4-1-9　break 语句流程图（在 for 语句中）

【实例 4-1-7】 从键盘上连续输入字符，并统计其中大写字母的个数，直到遇到换行符时结束。

参考程序如下：

```
#include <stdio.h>
void main()
```

```
{
    char ch;
    int sum=0;
    printf("请输入字母以回车结束!\n");
    while(1)
    {
        ch=getchar();
        if(ch=='\n') break;
        if(ch>='A'&&ch<='Z')  sum=sum+1;
    }
    printf("共有大写字母 %d 个",sum);
}
```

4.2 循 环 嵌 套

4.2.1 循环语句之间的相互嵌套

在循环体语句中又包含另一个完整的循环结构的形式，称为循环的嵌套。嵌套在循环体内的循环体称为内循环，外面的循环体称为外循环。如果内循环体中又有嵌套的循环语句，则构成多重循环。while、do-while 和 for 三种循环都可以互相嵌套。按循环层次数，分别称为二重循环、三重循环等。几种常用的二重循环嵌套格式如表 4-2-1 所示。

表 4-2-1　几种常用的二重循环嵌套格式

格式 1	格式 2	格式 3	格式 4	格式 5	格式 6

while()
{
  while()
  {}
}
	do
	{
	  do
	  {}
	  while();
	}while();
		for(;;)
		{
		  for()
		  {}
		}
			while()
			{
			  do
			  {
			  }while();
			}
				for(;;)
				{
				while()
				{}
				}
					do()
					{
					  for(;;)
					  {}
					}while();

嵌套循环的执行过程：因为内循环是外循环的循环体语句，所以外循环控制变量的值每变化一次，则内循环都要执行完整的循环，即内循环控制变量的值从“初值”变化到“终值”，也就是说内循环执行到退出为止。

【实例 4-2-1】嵌套循环程序举例。

```
#include <stdio.h>
main()
```

```
{ int i,j;
  for(i=1;i<10;i++)
     for(j=1;j<=i;j++)
       printf((j==i)?"%4d\n":"%4d",i*j);
}
```

4.2.2 循环嵌套实例

【实例 4-2-2】 编写程序输出以下图形。

```
*******
 *****
  ***
   *
```

参考程序如下：

```
main()
{   int i,j;
    for(i=1;i<=4;i++)
    { for(j=1;j<=i;j++)
        printf("  ");
      for(j=1;j<=8-(2*i-1);j++)
        printf("*");
      printf("\n");
    }
 }
```

【实例 4-2-3】 编写程序求 10～10000 以内的完全数。

参考程序如下：

```
main()
{   int i,j,s;
    for(i=10;i<=10000;i++)
    {s=0;
       for(j=1;j<i;j++)
         if(i%j==0)
           s+=j;
       if(i==s)
         printf("%6d\n",s);
    }
}
```

4.3　实践训练：实现“贪吃蛇小游戏”中的动画效果

运用 C 语言编写程序实现“贪吃蛇小游戏”中蛇身的绘制及其活动区域的设定。

【分析】

图像和动画的显示都是按照一定的频率刷新实现的，在程序实现中，边框的显示和蛇身的移动也是通过不断地输出来呈现一个简单的动画，通过前面所学的顺序程序设计就可以实现，但其代码量和运行效率可想而知。所以，这里需要掌握循环结构程序设计的使用方法，并将其应用到“贪吃蛇小游戏”设计中，循环对边框、蛇身、食物进行输出，最终完成循环输出目标数据，从而产生动画效果。

下面分析游戏活动区域的绘制过程：游戏在运行过程中，边框是一直存在的，并且其位置不会发生变化，但食物和蛇身的位置会变化，新位置产生后要及时更新数组内的值，重新输出到屏幕，所以需要循环输出，从而产生动画效果。边框所在位置是一个矩形区域的四周，其中上、下边框由多条短横线组成，左、右边框由多条竖线组成，食物、蛇头、蛇身全部在中间区域，其余部分无显示。为了便于处理，整个矩形区域的图形存储在一个二维数组中，使用嵌套循环语句输出数组的值可实现整个区域的绘制，然后周期性地调用此函数，就实现了“贪吃蛇小游戏”中的动画效果。

【编程】

参考程序如下：

```
void drawRoute(void)
{
    for(int i=0;i<WIDTH;i++)
    {
        for(int j=0;j<LENGTH;j++)
        {
            printf("%c",interf[i][j]);
        }
        printf("\n");
    }
}
```

【运行结果】

程序运行结果如图 4-3-1 所示。

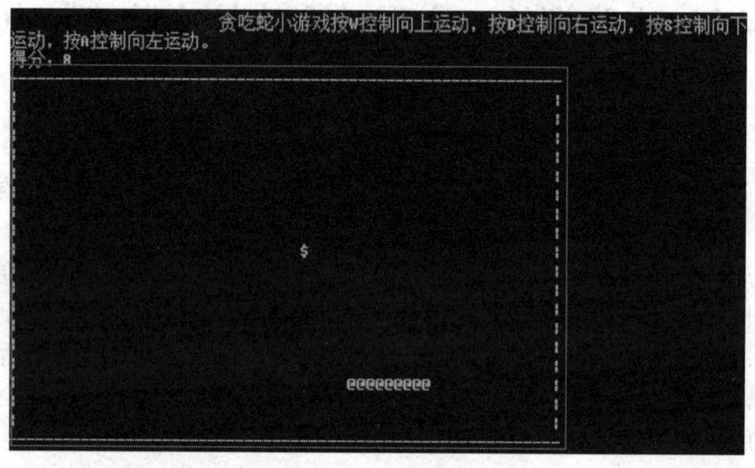

图 4-3-1　程序运行结果

习　题

一、选择题

1．设有程序段

```
int i=5;
while(i=0)  i--;
```

下列描述正确的是（　　）。

A．while 循环执行 5 次　　B．while 循环执行无限次

C．循环体语句一次也不执行　　D．循环体语句执行一次

2．在 C 语言程序中，与 while(m)中表达式 m 完全等价的是（　　）。

A．m==0　　B．m!=0　　C．m==1　　D．m!=1

3．下列程序段的结果是（　　）。

```
a=1;b=2;c=2;
while(a<b<c)  {t=a;a=b;b=t;c--;}
printf("%d,%d,%d",a,b,c);
```

A．1,2,0　　B．2,1,0　　C．1,2,1　　D．2,1,1

4. 若i、j均为整型变量，则（　　）。

```
for(i=0,j=-1;j=1;i++,j++)
printf("%d,%d\n",i,j);
```

A．循环体只执行一次　　　　　　　　B．循环体一次也不执行

C．判断循环结束的条件不合法　　　　D．是无限循环

5. 下列程序实现的功能是从键盘输入一对数，从小到大排序输出，当输入一对相等数时结束循环，那么[1]处需填（　　）。

```
#include <stdio.h>
void main()
{
    int x,y,t;
    scanf("%d%d",&x,&y);
    while([1])
    {
        if(x>y)
         {t=x;x=y;y=t}
        printf("%d%d",x,y);
     }
}
```

A．!x=y　　　　　B．x!=y　　　　　C．x==y　　　　　D．x=y

6. 以下叙述中正确的是（　　）。

A．do-while 语句构成的循环不能用其他语句构成的循环来代替

B．do-while 语句构成的循环只能用 break 语句退出

C．用 do-while 语句构成循环时，只有在 while 后的表达式为非“0”时才结束循环

D．用 do-while 语句构成循环时，只有在 while 后的表达式为“0”时才结束循环

7. 设j为 int 型变量，则下面 for 循环语句的执行结果是（　　）。

```
for(j=10;j>3;j--)
{
    if(j%3) j--;
    --j; --j;
    printf ("%d  ",j);
}
```

A．6　3　　　　　B．7　4　　　　　C．6　2　　　　　D．7　3

8．以下程序的输出结果是（　　）。

```
void  main()
{    int a,b;
     for(a=1,b=1;a<=100;a++)
     {
        if(b>=20)
           break;
        if(b%3==1)
          { b+=3;continue;}
        b-=5;
     }
     printf("%d\n",a);
}
```

A．7　　B．8　　C．9　　D．10

9．有以下程序段：

```
int k,j,s;
for(k=2;k<6;k++,k++)
{    s=1;
     for(j=k;j<6;j++)s+=j;
}
printf("%d\n",s);
```

程序段的输出结果是（　　）。

A．9　　B．1　　C．11　　D．10

10．以下程序中的变量已正确定义，则输出结果是（　　）。

```
for(i=0;i<4;i++,i++)   for(k=1;k<3;k++);printf("*");
```

A．********　　B．****　　C．**　　D．*

二、填空题

1．下面程序段实现的功能是，统计从键盘输入的字符中数字字符的个数，用换行符结束循环。

```
int n=0,c;
c=getchar()
while(________________)
{
   if(________________)  n++;
```

```
    c=getchar();
}
```

2．填入一个整数，使以下程序段输出 5 个整数。

```
for(i=0;i<= ________ ;printf("%d\n",i+=5));
```

3．下面程序的运行结果是________。

```
#include <stdio.h>
void  main()
{
    int y=10;
    do {y--;}
    while(--y);
    printf(" %d\n",y--);
}
```

4．下面程序的功能是用 do-while 语句求 1～1000 中满足“用 3 除余 2，用 5 除余 3，用 7 除余 2”的数，且一行只输出 5 个数。

```
#include <stdio.h>
void  main()
{
  int  i=1,j=0;
  do {
        if(__________________)
        {
            printf("%4d",i);
            j=j+1;
            if(__________________)printf("\n");
        }
        i=i+1;
    }
    while(i<1000);
}
```

5．输出 100 以内个位数为 6 且能被 3 整除的所有数。

```
#include <stdio.h>
void  main()
{
    int  i,j;
```

```
for(i=0;;i++)
{
    j=i*10+6;
    if(__________________)  continue;
    printf("%d",j);
}
```

项目 5

将蛇身和食物的坐标位置存储到二维数组中

学习目标

1. 建立数组的设计思维。
2. 熟练掌握一维数组的使用方法。
3. 熟练掌握二维数组的使用方法。
4. 掌握选择法和冒泡法在排序中的应用。

工作描述

游戏元素坐标存储

在“贪吃蛇小游戏”设计中，将蛇身和食物的坐标位置存储到二维数组。任务可简单表示为图 5-0-1。

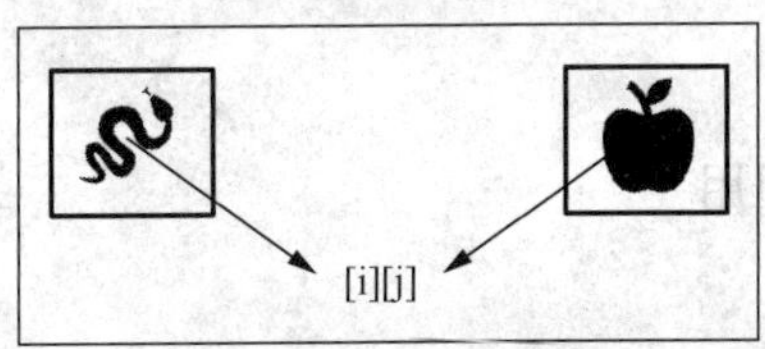

图 5-0-1　蛇身和食物坐标位置存储

参考程序如下：

```
void newTab(struct snake *snake,int curx,int cury,int s)
{  int x,y;
    for(int i=0;i<WIDTH;i++)
    {  for(int j=0;j<LENGTH;j++)
        {  if(i==0||i==WIDTH-1)
                interf[i][j]='-';
            else if(j==0)
                interf[i][j]='|';
            else if(j==LENGTH-1)
                interf[i][j]='|';
            else if(i==cury&&j==curx)
                interf[i][j]='$';
            else
                interf[i][j]=' ';
        }
    }
}
```

这段代码是“贪吃蛇小游戏”设计中的一部分，其作用是输出游戏的边框，并根据 curx 和 cury 的值输出 '$'（食物）的位置。边框和食物都存储在二维数组 interf[i][j]中，该数组的第一行和最后一行存储上、下边框，用 '-' 连接；第一列和最后一列存储左、右边框，用 '|' 连接； '$'（食物）在数组的中间的任意位置，即非边框区域。

5.1 一 维 数 组

5.1.1 一维数组的定义及引用

1. 一维数组的定义

数组（array）是指相同类型数据的集合，让一组同一类型的数据共用一个变量名，而不需要为每一个数据都定义一个名字。每个数组在内存中占用一段连续的存储空间，极大地方便了对数组中的元素按照同一方式进行各种操作。

只有一个下标的数组称为一维数组，其数组元素也被称为单下标元素变量。

一维数组的一般形式为

```
类型说明符　数组名[常量表达式];
```

数组由类型说明符、数组名及常量表达式[长度(block length)、元素(array element)个数]三者共同描述。

说明:

1)数组名后面方括号中的常量表达式是由常数或符号常数组成的表达式，由它规定该数组中可容纳的元素个数，其值必须为正，下标从0开始。例如:

```
int a[5]
```

定义了一个一维整型数组a，5表示a数组有5个元素，这5个元素依次为a[0]、a[1]、a[2]、a[3]、a[4]。

```
float b[5]
```

定义了一个一维实型数组b，5个元素依次为b[0]、b[1]、b[2]、b[3]、b[4]。

2)C语言不允许对数组的大小做动态定义，即常量表达式中不能包含变量。例如:

```
int i=7;
int a[i];              //数组长度为变量，编译出错
```

2. 一维数组的引用

元素是数组的基本组成单元，数组的元素就是变量，也称为数组元素变量。数组的元素是通过在数组名后加一个下标来进行标识的。下标代表了元素在数组中的存储顺序。数组一经定义，就可以进行引用了，其引用形式如下:

```
数组名[下标]
```

下标可以是整型常数或整型表达式，其起始值为0。若一个数组长度为n，则其下标值的范围是0～(n-l)。

例如:

```
int i[5]={1,2,3,4,5};
```

则i[0]、i[2]、i[a]、i[a+b]都是对数组i的引用，分别表示数组i中的第1、3、a+1、a+b+1个元素，其中a和b为整型变量，并且大于等于0且小于5，a+b的和最大为4。

注意: C语言编译系统不检查下标是否“出界”(slop over)。上例中如果使用a[20]，编译时不会指出“下标出界”的错误，因此，编程时要确保数组的下标值在允许范围之内。

在C语言中，不允许一次引用整个数组，而只能逐个引用各个数组元素。如果要输出数组中的元素，应该使用循环语句逐个输出元素变量。

例如：

```
int a[10]={1,2,3,4,5,6,7,8,9,10};
int i;
for(i=0;i<10;i++) printf("%d",a[i]);
```

5.1.2　一维数组的初始化

对数组赋值，可以用赋值语句对数组元素一个一个单独赋值，也可以采用初始化赋值和动态赋值的方法。定义数组时对各元素给定初始值，称为数组的初始化。

一维数组的初始化既可以在定义时初始化，也可以在定义后初始化。

1）使用基本初始化赋值语句对数组的全部元素赋初值。

基本初始化赋值语句形式：

```
类型说明符 数组名[常量表达式]={值,值,…,值};
```

在定义数组时，可使用基本初始化赋值语句将全部元素的数值依次放在一对花括号{}内，各数值间用逗号隔开。例如：

```
int d[10]={10,20,30,40,50};
```

这时数值 10、20、30、40、50 依次赋值给 d[0]、d[1]、d[2]、d[3]、d[4]。

数组中存储的数据，10 个整型数组元素占 20 字节的存储空间。

2）使用基本初始化赋值语句对数组的部分元素赋初值。

如果花括号{}中的数值个数少于方括号[]中给定的数组长度，则只给数组前面的部分元素赋初值。例如：

```
int i[6]={1,2,3};
```

这将把 1、2、3 分别赋给 i[0]、i[1]、i[2]，系统将自动为 i[3]、i[4]、i[5]赋初值 0。

3）在对全部的数组元素赋初值时，可以不指定数组的长度，而省略元素的个数。例如：

```
int i[ ]={1,2,3,4,5,6};
```

系统检测到花括号{}中有 6 个元素，就会根据花括号内的数值个数自动定义数组的长度为 6。但当给数组前面的部分元素赋初值时，数组元素的个数就不能省略了，因为系统不知道用户到底要定义的数组长度是多少。

4）在需要将某个数组所有的元素都设置为 0 时，使用前述的系统自动初始化方法，非常方便。例如：

```
int i[100]={0};
```

若数组未被初始化，那么数组元素为随机值，在引用前必须进行初始化，否则，可能会导致计算错误。

使用循环语句和输入函数对数组元素的值进行初始化：

```
main()
{
    int i=0;float score[5];
    for(i=0;i<5;i++)
    {
        scanf("%f",&score[i]);
    }
}
```

【实例 5-1-1】 输入 10 个学生的成绩并逆序输出。

```
#define N 10
main()
{
    int i;float scores[N];
    for(i=0;i<N;i++)
        scanf("%f",&scores[i]);
    for(i=N-1;i>=0;i--)
    printf("%f",score[i]);
}
```

5.1.3 冒泡法排序

冒泡法也称起泡法，其排序的思路如下：将相邻两个数进行比较，小数放在前头，大数放在后头。先将第一个元素与第二个元素比较，若数值按递增排列就保持原样，否则两者交换，然后比较第二个元素和第三个元素，依此类推。这样在第 1 轮扫描结束后，使最大的元素被安置到最后一个位置上。第 2 轮扫描再对 n−1 个元素重复以上过程。（n 个数需要 n−1 轮扫描。）

【实例 5-1-2】 对输入的 8 个整数进行冒泡法排序。

假设输入这 8 个数：54　45　36　81　72　18　63　27

初始态　{ 54　45　36　81　72　18　63　27 }

第 1 轮　{ 45　36　54　72　18　63　27 }　81

第 2 轮　{ 36　45　54　18　63　27 }　72　81

第 3 轮　{ 36　45　18　54　27 }　63　72　81

第 4 轮　{ 36　18　45　27 }　54　63　72　81

第 5 轮　{18　36　27}　45　54　63　72　81
第 6 轮　{18　27}　36　45　54　63　72　81
第 7 轮　{18}　27　36　45　54　63　72　81

过程：8 个数总共要进行 7 轮比较。每一轮比较的次数依次减少。第 1 轮比较 7 次，第 2 轮比较 6 次，第 3 轮比较 5 次，第 4 轮比较 4 次，第 5 轮比较 3 次，第 6 轮比较 2 次，第 7 轮比较 1 次。以第 1 轮为例。第一次比较第一个元素和第二个元素的大小，若按照递减排列则交换二者的位置。显然，54 大于 45，交换它们的位置，第一个元素变成 45，第二个元素变成 54。第 2 次比较第 2 个元素和第 3 个元素的大小，第二个元素已经变成了 54，所以用 54 和 36 进行比较。为递减排列，交换 54 和 36 的位置。第三次比较 54 和 81，为递增排列，不需要交换位置。第 4 次比较 81 和 72，为递减排列，交换位置。第 5 次比较 81 和 18，为递减排列，交换位置。第 6 次比较 81 和 63，为递减排列，交换位置。第 7 次比较 81 和 27，为递减排列，交换位置。通过相邻两数的比较，第 1 轮选出了最大的数 81，并且放置在最后。下一轮比较只需要比较前面的 7 个数，可以得出次大的数，依此类推，最终完成排序。

所以若有 N 个数据，则要做 N-1 轮的比较；第 i 轮要做 N-i 次比较。这样可采用两重循环实现，外循环控制轮数，内循环控制比较次数。

参考程序如下：

```
main()
{
    int  i,j,t,a[8];
    printf("\nInput  8  number :\n");
    for(i=0;i<8;i++)scanf("%d",&a[i]);
    for(j=0;j<8;j++)
        for(i=0;i<8-1-j;i++)
            if(a[i]>a[i+1])
            {t=a[i];a[i]=a[i+1];a[i+1]=t;}
    printf("The  Sorted  number :\n" );
    for(i=0;i<8;i++)printf("%d",a[i]);
}
```

5.1.4　选择法排序

选择法排序的思路如下：

1）将待排序的 n 个数放入数组 a 中，即 a[0]…a[n-1]。

2）让 a[0]与后续 a[1]…a[n-1]依次比较，保证小数在前、大数在后。此次比较，a[0]是数组中的最大数。

3）余下 n-1 个元素。a[1]与 a[2]…a[n-1]依次比较，小数在前、大数在后，此时 a[1]是 n-1 个元素中的最小数。

4）a[n-2]与 a[n-1]比较，a[n-2]存小数，a[n-1]存大数，比较结束。

【实例 5-1-3】 对输入的 8 个整数进行选择法排序。

初始态	{54	45	36	81	72	18	63	27}
第 1 轮	18	{45	36	81	72	54	63	27}
第 2 轮	18	27	{36	81	72	54	63	45}
第 3 轮	18	27	36	{81	72	54	63	45}
第 4 轮	18	27	36	45	{72	54	63	81}
第 5 轮	18	27	36	45	54	{72	63	81}
第 6 轮	18	27	36	45	54	63	{72	81}
第 7 轮	18	27	36	45	54	63	72	{81}

参考程序如下：

```
main()
{  int  i,j,min,t,a[8];
   printf ("\nInput 8  number :\n");
   for(i=0;i<8;i++)scanf("%d",&a[i]);
   for(i=0;i<8-1;i++)
   {   min=i;
       for(j=i+1;j<8;j++)if(a[j]<a[min])min=j;
       if(i!=min){t=a[i];a[i]=a[min];a[min]=t;}
   }
   printf("The  Sorted  number :\n" );
   for(i=0;i<8;i++)printf("%d",a[i]);
}
```

5.2　二 维 数 组

5.2.1　二维数组的定义及引用

1. 二维数组的定义

C 语言中允许构成多维数组，即数组有多个下标来共同标识元素变量在数组中的位置，这样的元素变量也称为多下标元素变量。因此二维数组就有两个下标。

二维数组的一般形式为

```
类型说明符　数组名[常量表达式] [常量表达式];
```

其中，类型说明符可以是 int、char 和 float 等，表明每个数组元素所共有的数据类型。

二维数组需要使用两个方括号。第一个常量表达式表示第一维下标的长度，即数组的行数，称为行下标；第二个常量表达式表示第二维下标的长度，即数组的列数，称为列下标。行数与列数之积是二维数组元素的个数。

例如：

```
float f[3][4];
```

表示 f 是二维数组，有 3 行 4 列，共有 3×4=12 个数组元素，数组元素都是 float 型，12 表明这个数组有 12 个元素。

在定义二维数组时，需要明确下面几点：

1）C 语言规定二维数组的两个下标都必须从 0 开始，最后一个元素的下标是方括号内的数减去 1。上面定义的数组 f 的最后一个元素是 a[2][3]。

2）二维数组名同样代表着该数组的第一个元素的内存地址，即代表着第一个元素 f[0] [0]的地址。

3）二维数组的所有元素在内存中占有连续的存储单元，并且二维数组的各元素是按行存储的，即先存储第 0 行的元素，再存储第 1 行的元素……在同一行中，先存储第 0 列的元素，再存储第 1 列的元素……上面定义的数组 f 的存储顺序为：f[0][0]、f[0][1]、f[0][2]、f[0][3]、f[1][0]、f[1][1]、f[1][2]、f[1][3]、f[2][0]、f[2][1]、f[2][2]、f[2][3]，如图 5-2-1 所示。

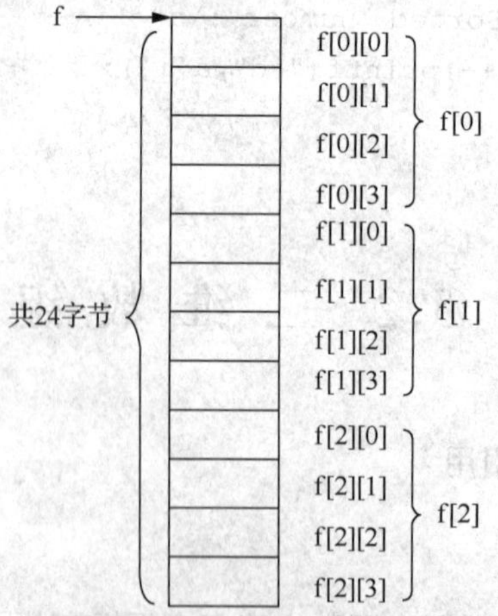

图 5-2-1　二维数组的存储顺序

4）相同类型的一维数组和二维数组可在一个类型名后定义，它们之间用逗号隔开。例如：

```
int i[10][20],t[30],j[10][30];
```

定义了一个整型一维数组和两个整型二维数组，数组 i、t、j 分别有 200、30、300 个元素。

2. 二维数组的引用

二维数组定义后，其数组元素变量的引用格式为

```
数组名[下标][下标]
```

下标应该是整型常数或整型表达式，起始范围为[0,n−1]。

例如：

```
int a[3][4];
```

数组 a 有 3 行 4 列共 12 个元素，其引用方式如下：

第一行：a[0][0],a[0][1],a[0][2],a[0][3]。

第二行：a[1][0],a[1][1],a[1][2],a[1][3]。

第三行：a[2][0],a[2][1],a[2][2],a[2][3]。

5.2.2　二维数组的初始化

1. 定义时初始化

定义时初始化有以下几种方法：

1）使用初始化赋值语句对二维数组的全部元素赋初值。

在定义数组时，可将全部元素的数值依次放在一对花括号内，各数值间用逗号隔开。例如：

```
int i[2][3]={1,2,3,7,8,9};
```

这将把 1、2、3、7、8、9 分别赋给 i[0][0]、i[0][1]、i[0][2]、i[1][0]、i[1][1]、i[1][2]。

对二维数组的全部元素赋初值，也可将每一行的元素数值用一对花括号括起来，这种形式更为直观，不易出错。例如：

```
int i[2][3]={{1,2,3},{7,8,9}};
```

2）对二维数组的部分元素赋初值。

对二维数组前面的部分元素赋初值，可在一对花括号内写上这些元素的初值。例如：

```
int i[2][3]={1,2};
```

这将把 1 和 2 分别赋给 i[0] [0]和 i[0] [1]，其余的将自动赋初值 0。

也可对各行前面的元素赋初值。例如：

```
int i[2][3]={{1,2},{4}};
```

还可对前面一部分行中前面的元素赋初值。例如：

```
int i[5][3]={{1,2},{4}};
```

3）在对数组的全部元素赋初值时，可以省略第一维的长度——行下标，但第二维的下标不能省。例如：

```
int i[ ][3]={1,2,3,4,5,10};
```

系统检测时，根据花括号内的数值个数自动算出数组第一维的长度。

在按行为数组的部分元素赋初值时，也可以省略第一维的长度。例如：

```
int i[ ][3]={{1,2},{4}};
```

2. 定义后初始化

一维数组在定义后可使用循环语句和输入函数进行初始化，二维数组可使用嵌套循环的方式进行初始化：

```
main()
{
    int i,j;float score[2][3];
    for(i=0;i<2;i++)
      for(j=0;j<3;j++)
          scanf("%f",&score[i][j]);
}
```

5.2.3 二维数组的应用

【实例 5-2-1】 给一个 4 行 3 列的二维数组输入/输出数据。

参考程序如下：

```
main()
{ int a[4][3],i,j,k;
  for(i=0; i<4; i++)
    for(j=0; j<3; j++)
      scanf("%d",&a[i][j]);
  for(i=0; i<4; i++)
```

```
    { printf("\n");
      for(j=0; j<3; j++)
           printf("%d\t",a[i][j]);
    }
  printf("\n");
}
```

程序运行情况如下：

```
1  2  3↙
4  5  6↙
7  8  9↙
10  11  12↙
1       2       3
4       5       6
7       8       9
10      11      12
```

【实例 5-2-2】 有一个 N×M 矩阵，编写程序求出其中绝对值最大的那个元素的值及其所在的行、列位置。

设定变量记录最大值及最大值所在的行号和列号（开始时认为最大值是第一个数组元素的值，行号和列号分别为 0、0），每个数组元素与记录最大值的变量比较，一旦数组元素大于该变量，则将此元素的值赋给该变量，并记录相应的行号和列号。

算法如图 5-2-2 所示。

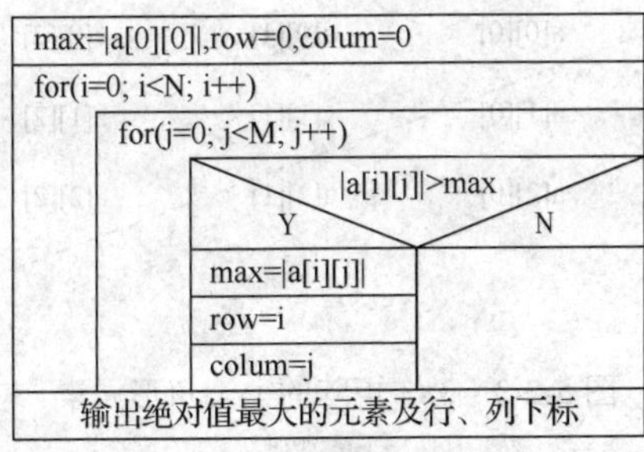

图 5-2-2　查找最大元素

参考程序如下：

```
#include "math.h"
#define  N  4
#define  M  5
main()
```

```
{ int i,j,row,colum,max,a[N][M];
  ...... //输入数据
  max=a[0][0];row=colum=0;
  for (i=0;i<N;i++)
    for (j=0;j<M;j++)
      if (abs(a[i][j])>max)
        { max=abs(a[i][j]);
          row=i;
          colum=j;
        }
  ...... //输出数据
}
```

运行结果如下：

```
34  56  12  67  23↙
12  67  43  98  54↙
65  45  66  16  24↙
37  83  25  64  19↙
max=98,row=1,colum=3
```

【实例 5-2-3】 求 n×n 矩阵 a 的上三角形元素之积。其中矩阵的行数、列数和全部元素值均由键盘输入，编程时取 n<=10。上三角形元素如图 5-2-3 所示，3×3 矩阵的对角线如图 5-2-4 所示。

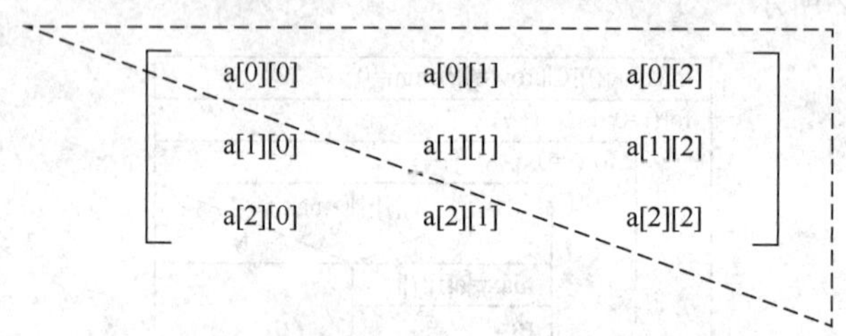

图 5-2-3　3×3 矩阵的上三角形元素

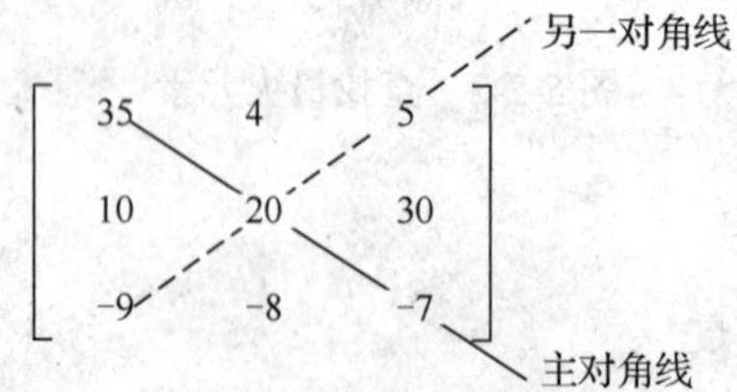

图 5-2-4　3×3 矩阵的对角线

分析：本题的关键是如何表达上三角形元素，即数组元素的下标从什么数变化到什么数。设 3×3 矩阵，第 1 行的 3 个数——行标为 0，列标为 0、1、2；第 2 行的右边 2 个数——行标为 1，列标为 1、2；第 3 行的右边 1 个数——行标为 2，列标为 2。这些有什么规律？行标 i 从 0 到 n−1，列标 j 从 i 到 n−1。

参考程序如下：

```
main()
{
  int i,j,n;
  long u=1;
  int a[10][10];
  printf("Enter n (n<=10): \n");
  scanf("%d",&n);
  printf("Enter the data on each line for the array: \n");
  for(i=0;i<n;i++)
    for(j=0;j<n;j++)
        scanf("%d",&a[i][j]);
  for(i=0;i<n;i++)
    for(j=i;j<n;j++)
        u*=a[i][j];
  printf("The result is : %ld \n",u);
}
```

运行结果如下：

```
Enter n (n<=10):
3↙
Enter the data on each line for the array:
1 3 5 7 9 -2 -4 -6 -8↙
The result is : 2160
```

请思考并画出描述本算法的流程图或 N-S 结构图。

5.3 字符数组与字符串

5.3.1 字符数组的定义

字符串的所有操作和处理都完全依赖于字符数组。字符数组是数组元素为字符型元素的数组。

定义形式与前面介绍的数值数组相似，即

```
char  数组名[常量表达式];                  //一维字符数组
char  数组名[常量表达式][常量表达式];      //二维字符数组
```

例如：

```
char s[10];
```

s 数组是一维字符数组，它可以存放 10 个字符或一个长度不大于 9 的字符串。

```
char a[3][5];
```

a 数组是一个二维字符数组，可以存放 15 个字符或 3 个长度不大于 4 的字符串。

注意：字符串只能存放在字符数组中。

5.3.2　字符数组的初始化

字符数组就是 C 语言中用来存储字符串的数组。字符数组的初始化，即字符串的存储有两种方式：一种是通过赋初值的方式为字符数组赋字符串，另一种是在 C 语言程序执行过程中实现字符数组的赋值。

1. 通过赋初值的方式将字符串赋给字符数组

在定义一个字符数组的同时指定字符串初值，有以下两种方法。

1）将字符串的字符逐个地赋给字符数组的元素。例如：

```
char c[4]={'m', 'a', 'n'};
```

这将把字符'm'、'a'、'n'分别赋给 c[0]、c[1]、c[2]。'\0'是系统自动加上的，作为字符串结束标志。

有了结束标志'\0'，字符数组的长度就显得不那么重要了。在程序中往往依靠检测结束标志'\0'来判断字符串是否结束，而不是根据数组长度来决定字符串长度。当然，在定义字符数组时，应使字符数组的长度大于数组要保存的字符串的实际长度。

说明：

1）如果花括号中提供的初值个数（即字符个数）大于数组长度，则按语法错误处理；如果初值个数小于数组长度，则只将这些字符赋给数组中前面的元素，其余的元素系统自动定为空字符（即'\0'）；如果二者相等，这些字符将赋给数组中的元素，而空字符（即'\0'）放到了该数组之后的存储单元中（这有可能破坏其他数据区或程序本身，是危险的）。

2）与前面类似，在对字符数组的全部元素赋初值时，可以省略元素的个数，可写成：

```
char a[ ]={'C','h','i','n','a'};
```

2）在赋初值时直接赋字符串常量。

例如：

```
char strg1[12]={"Program c"};
char strg2[12]="Program c";  //花括号可省略
```

系统会将字符串"Program c"的字符逐个地赋给字符数组的元素，并自动地在最后一个字符后加入一个'\0'字符作为字符串的结束标志。字符数组 strg1 的存储如图 5-3-1 所示。

strg1[0]	P
strg1[1]	r
strg1[2]	o
strg1[3]	g
strg1[4]	r
strg1[5]	a
strg1[6]	m
strg1[7]	
strg1[8]	c
strg1[9]	\0
strg1[10]	
strg1[11]	

图 5-3-1　字符数组 strg1 的存储

2. 在程序执行过程中将字符串赋给字符数组

在程序执行过程中，可以利用赋值语句将字符串赋值给字符数组。

例如：

```
char str1[12];
str1[0]='P';
str1[1]='r';
str1[2]='o';
str1[3]='g';
str1[4]='r';
str1[5]='a';
str1[6]='m';
str1[7]=' ';
str1[8]='c';
str1[9]='\0';
```

说明：

1）不可以用赋值语句给字符数组整体赋字符串常量。

2）企图用简单的赋值语句将一个字符数组中保存的字符串赋值给另一个字符数组的做法也是非法的。

例如:

```
char str1[12];
char str2[12];
str1="Program c";     //非法，违反了说明1)
str2=str1;            //非法，违反了说明2)
```

另外，在程序中还可利用字符串复制函数，将字符串赋值给字符型数组或将一个数组保存的字符串赋值给另一个数组。

5.3.3 字符数组的引用

1. 用%c逐个引用元素

例如：

```
char c[10]="Welcome\0China"
for(int i=0;c[i]!='\0';i++)
        printf("%c",c[i]);  //输出结果为Welcome
```

2. 用%s引用整个字符串

例如：

```
char c[20];scanf("%s", c); printf("%s", c);
```

注意：c为数组名，其作为输入项时不加&，输入的字符个数要小于数组的长度减1；连续输入多个字符串时用空格隔开。

3. 用字符串函数puts(c)和gets(c)引用

例如，输出字符串：

```
char str[ ]={"China\nBeijing"};
        puts(str); //分两行输出,光标停在第三行上
```

输入字符串：

```
char str[20];
    gets(str);
```

5.4　实践训练：将蛇身和食物的坐标位置存储到二维数组中

在“贪吃蛇小游戏”设计中，运用 C 语言将蛇身和食物的坐标位置存储到二维数组中。

【分析】

在输出蛇身和食物的坐标位置之前，需要先将其数据存储到内存中，常规的数据是存储在变量中的，但在数据量较大和频繁使用时，普通变量很难满足需求。所以，使用数组来解决数据的存储和调用效率会高很多，这就要求掌握一维数组、二维数组的使用方法，并将其应用到“贪吃蛇小游戏”设计中，将蛇身和食物的坐标位置存储到二维数组中。

下面分析游戏边框的产生过程：游戏在运行过程中，边框是一直存在的，所以需要循环输出边框和食物区域。在执行输出步骤之前，先要解决边框和食物的产生问题，边框所在位置是一个矩形区域的四周，其中上、下边框由多条短横线组成，左、右边框由多条竖线组成，食物、蛇头、蛇身全部在中间区域，其余部分无显示。为了便于处理，整个矩形区域的图形可以用一个二维数组进行存储，二维数组的第一行存储 '-' 作为上边框，最后一行存储 '-' 作为下边框，每行的第一个元素和最后一个元素存储 '|' 作为左、右边框。同样的道理，食物的坐标位置确定后，在相应的位置替换成 '$' 即可。知道了边框和食物的存储规律后，就可以对数组进行相应处理了。

在 newTab( )函数中，所有代码按照顺序依次执行，并在 for 语句和 if 语句的控制下进行循环和选择执行。if 语句的执行过程如下：执行第一条语句“if (i==0 || i==WIDTH-1)”，如果 if 括号内的条件成立，则执行“interf[i][j] = '-';”；如果不成立，则执行“else if (j==0)”。如果 else if 括号内的条件成立，则执行“interf[i][j]='|';”……如果所有条件都不成立，则执行“interf[i][j] = ' ';”。

【编程】

参考程序如下：

```
void newTab(struct snake *snake,int curx,int cury,int s)
{  int x,y;
   for(int i=0;i<WIDTH;i++)
   {  for(int j=0;j<LENGTH;j++)
      {  if(i==0||i==WIDTH-1)
              interf[i][j]='-';
         else if(j==0)
```

```
                interf[i][j]='|';
            else if(j==LENGTH-1)
                interf[i][j]='|';
            else if(i==cury&&j==curx)
                interf[i][j]='$';
            else
                interf[i][j]=' ';
        }
    }
}
```

【运行结果】

程序运行结果如图 5-4-1 所示。

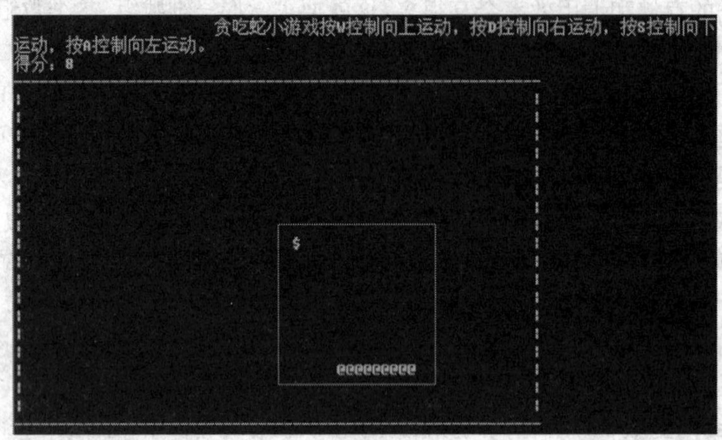

图 5-4-1　程序运行结果

习　题

一、选择题

1. 以下关于数组的描述正确的是（　　）。
    A. 数组的大小是固定的，但可以有不同类型的数组元素
    B. 数组的大小是可变的，但所有数组元素的类型必须相同
    C. 数组的大小是固定的，但所有数组元素的类型必须相同
    D. 数组的大小是可变的，但可以有不同类型的数组元素

2．在定义“int a[10];”之后，对a的引用正确的是（　　）。

A．a[10]　　B．a[6.3]　　C．a(6)　　D．a[10-10]

3．以下能正确定义数组并正确赋初值的语句是（　　）。

A．int n=5,b[n][n];　　B．int a[1][2]={{1},{3}};

C．int c[2][ ]={{1,2},{3,4}};　　D．int a[3][2]={{1,2},{3,4}};

4．以下不能正确赋值的是（　　）。

A．char s1[10];s1="test";　　B．char s2[ ]={'t','e','s','t'}

C．char s3[20]= "test";　　D．char s4[4]={'t','e','s','t'}

5．下面程序段运行时输出的结果是（　　）。

```
char s[18]="a book!";
printf("%.4s",s);
```

A．a book!　　B．a book

C．a bo　　D．格式描述不正确，没有确定输出

6．下面程序段运行时输出的结果是（　　）。

```
char s[12]="A book";
printf("%d\n",strlen(s));
```

A．12　　B．8　　C．7　　D．6

7．在执行“int a[ ][3]={1,2,3,4,5,6};”语句后，a[1][0]的值是（　　）。

A．4　　B．1　　C．2　　D．5

8．若有说明语句“int a[10];”，则对a数组元素引用正确的是（　　）。

A．a[5]　　B．a[3.5]　　C．a(5)　　D．a[10−10]

9．若有定义“int a[5][6]={0};”，则以下叙述中正确的是（　　）。

A．只有元素a[0][0]可得到初值0

B．此定义不正确

C．数组a中各元素都可得到初值，但其值不一定为0

D．数组a中每个元素均可得到初值0

10．二维数组int a[4][4]前5个元素的排列次序为（　　）。

A．a[0][0]　a[1][1]　a[2][2]　a[3][3]　a[4][4]

B．a[0][0]　a[0][1]　a[0][2]　a[0][3]　a[1][0]

C．a[0][0]　a[1][0]　a[2][0]　a[3][0]　a[0][1]

D．a[0]　a[0][0]　a[0][0][0]　a[0][0][0][0]　a[0][0][0][0][0]

11．有两个字符数组a、b，则以下正确的输入语句是（　　）。

A．gets(a,b);　　B．scanf("%s%s",a,b);

C．scanf("%s%s",&a,&b);　　D．gets("a"),gets("b");

二、程序分析题

写出下列程序的运行结果。

1. main()

```
{
  int i,j,a[3][4]={1,2,3,4,5,6,7,8,9,10,11,12};
   for(i=0;i<3;i++)
    for(j=0;j<4;j++)
     if(i==2-j)
       printf("%d",a[i][j]);
}
```

2. main()

```
{
  int i,a[4]={1,2,3,4};
   for(i=0;i<4;i++)
     if(a[i]%2!=0)
       a[i]--;
     else
       a[i]++;
   for(i=0;i<4;i++)
     if(a[i]%2==0)
       printf("%d",i);
}
```

3. main()

```
{
   char c[]="0123456789";
   int i;
   for(i=0;c[i]!='\0';i++)
     printf("%d",c[i]-'9');
}
```

4. main()

```
{
   char s[]="abcdefg";
   int i;
   for(i=1;i<7;i+=2)
     printf("%c",s[i]);
}
```

5. main()

```
{
```

```
    int i,a[7]={1,2,3,4,5,6,7};
    for(i=2;i<7;i++,i++)
      a[0]+=a[i];
    printf("%d",a[0]);
  }
```

6.

```
#include <stdio.h>
void main()
{
    int a[8]={1,0,1,0,1,0,1,0},i;
    for(i=2;i<8;i++)
        a[i]+= a[i-1] + a[i-2];
    for(i=0;i<8;i++)
        printf("%5d",a[i]);
}
```

7.

```
#include <stdio.h>
void main()
{
    float b[6]={1.1,2.2,3.3,4.4,5.5,6.6},t;
    int i;
    t=b[0];
    for(i=0;i<5;i++)
        b[i]=b[i+1];
    b[5]=t;
    for(i=0;i<6;i++)
        printf("%6.2f",b[i]);
}
```

8.

```
#include <stdio.h>
void main()
{   int p[7]={11,13,14,15,16,17,18},i=0,k=0;
    while(i<7 && p[i]%2)
    {k=k+p[i]; i++;}
    printf("k=%d\n",k);
}
```

9.

```
void main()
{   int a[3][3]={1,3,5,7,9,11,13,15,17};
    int sum=0,i,j;
    for(i=0;i<3;i++)
        for(j=0;j<3;j++)
        {  a[i][j]=i+j;
```

```
            if(i==j)
                sum=sum+a[i][j];
        }
    printf("sum=%d",sum);
}
```

10.
```
void  main()
{   int a[4][4],i,j,k;
    for(i=0;i<4;i++)
        for(j=0;j<4;j++)
            a[i][j]=i-j;
    for(i=0;i<4;i++)
    {  for(j=0;j<=i;j++)
            printf("%4d",a[i][j]);
        printf("\n");
    }
}
```

三、程序设计题

1．有一个正整数数组，包含 N 个元素，要求编写程序求出其中的素数之和及所有素数的平均值。

2．有一个数组，内放 10 个整数。要求找出最小的数和它的下标，然后把它和数组中最前面的元素对换位置。

3．有 N 个数，已按由小到大的顺序排列好，要求输入一个数，把它插入原有序列中，使之仍然保持有序。

4．输入 N 个数到数组中，输出所有大于 N 个数平均值的数。

5．将某数组中的数列首尾颠倒存放。如果该数列为 100、99、36、68、9，则要求按 9、68、36、99、100 存放并输出。

6．输入一个 n×n 矩阵各元素的值，求出两条对角线元素各自的乘积。

7．找出一个二维数组中的鞍点，即该位置上的元素在该行上最大，在该列上最小。也可能没有鞍点。

8．用循环结构求一个 4×4 矩阵所有靠外侧的元素之和。

9．将字符数组 a 中的下标为单号（1,3,5,…）的元素赋给另一个字符数组 b，然后输出 a 和 b。

10．不调用库函数 strcpy( )，将 char 型数组 s1 中的字符串复制到 char 型数组 s2 中。

11．从键盘读取一字符串，统计其中空格的个数。

项目 6

通过函数随机产生食物的位置

学习目标

1. 掌握函数的定义和调用方法。
2. 熟悉模块化程序设计思维。
3. 熟悉变量的作用域。
4. 掌握局部变量和全局变量的定义方法。
5. 了解编译预处理的类型及原理。

工作描述

用 C 语言编程实现随机坐标

在“贪吃蛇小游戏”设计中，随机产生蛇身和食物的坐标位置。其参考程序如下：

```
void food(int *x,int *y,int *fx,int *fy,int *s, struct snake *snake)
{
    int ffx, ffy;                          //上一次食物的 X、Y 坐标
    ffx=*fx;
    ffy=*fy;
    if(*x==*fx&&*y==*fy)                   //如果吃到了食物,则产生下一个食物
    {
        do{
            *fx=1+rand()%(N-3);
            *fy=1+rand()%(M-3);
        } while(ffx==*fx&&ffy==*fy);       //保证与上次食物的位置不同
        for(int i=(*s);i>=0;i--)
```

```
            {
                if((snake+*s)->snake_x==*fx&&(snake+*s)->snake_y==*fy)
                {
                    *fx=1+rand()%(N-3);
                    *fy=1+rand()%(M-3);
                }
            }                   //大概率保证食物与蛇身的位置不同（不能完全保证）
            (*s)++;             //分数加1
        }
    }
```

这段代码是“贪吃蛇小游戏”设计中的一部分，其作用是随机产生食物的横、纵坐标位置，并存储到变量中。食物坐标位置虽然要随机产生，但何时产生、产生在何处，必须要进行控制。在程序中，if (*x == *fx && *y == *fy)用于判断蛇头的位置和食物的位置是否相同，如果相同则代表吃到了食物，这时才执行复合语句内的代码，产生新食物的坐标位置。rand( )是一个随机函数，调用后会随机返回一个整数，但这个整数并不一定满足要求，所以需要对其进行处理。首先，要保证产生的食物坐标位置在方框之内，以横坐标产生语句为例，*fx=1+rand( )%(N−3)用 rand( )函数的返回值与 N−3 进行 '%'（取余数）运算，其值必然小于 N−2，加 1 后就保证其坐标位置小于方框。其次，要保证新产生的食物与上次食物坐标位置不同，通过 while (ffx == *fx && ffy == *fy)循环语句判断是否相同，如果相同则重新产生。最后，如果新产生的食物坐标位置和蛇身相同，则重新产生。

6.1 函　数

C 语言程序是由函数组成的，函数是 C 语言中的重要概念，也是 C 语言程序设计的重要手段。函数之所以重要，是因为它们提供了程序模块化设计的方法，从而可以将一个大型的复杂程序编写成多个小模块的组合。在设计良好的程序中，每个模块的目的或者任务都是明确的，并且很容易说明。这些基本模块在 C 语言中是用函数实现的。因此，合理利用函数，不仅可以实现程序的模块化，使程序设计得简单和直观，还能更加有效地提高程序的易读性和可维护性。另外，程序员也可以把程序中经常用到的一些计算或操作编成通用的函数，以供随时调用，这样可以大大减轻程序员的工作量。函数的作用是任务划分、代码重用、信息隐藏。

6.1.1　函数的内涵及分类

一个 C 语言程序可以由一个主函数和若干个函数组成。主函数调用其他函数，其他函数也可以相互调用，一个函数可以被一个或多个函数任意多次调用。也就是说，C 语言程序的全部功能都是由函数实现的。每个函数相对独立并具有特定的功能。可以通过函数间的调用来实现程序总体功能。图 6-1-1 是一个程序中函数调用的示意图。

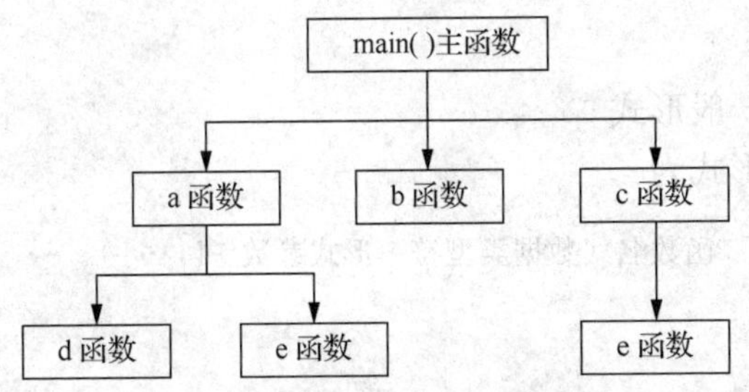

图 6-1-1　函数调用的示意图

在 C 语言中，主函数可以调用其他函数，而其他函数均不能调用主函数。通常把调用其他函数的函数称为主调函数，而被调用的函数称为被调函数。可见主函数只能是主调函数，而其他非主函数既可以是主调函数，也可以是被调函数。

在 C 语言中，函数可按多种方式来分类。

1）从使用的角度来分类，函数可以分为标准函数和自定义函数。标准函数，即库函数。它由 C 语言编译系统提供，用户只要在程序头部将包含这些库函数的头文件包含进来，就可以直接使用它们。自定义函数，即用户自己编写的函数，用于执行一个特定的任务。

2）从形式上来分类，函数可以分为无参函数和有参函数。这是根据函数定义时是否设置参数来划分的。

3）从作用范围来分类，函数可以分为外部函数和内部函数。外部函数是指可以被任何源程序文件中的函数所调用的函数。内部函数是指只能被其所在的源程序文件中的函数所调用的函数。

4）从返回值来分类，函数可以分为无返回值函数和有返回值函数。

6.1.2　函数的定义与调用

1．函数的定义

由前述已知，变量和数组在使用之前必须先定义。函数也类似，一般情况下，函数应先定义后调用。

自定义函数的定义，必须符合 C 语言规定的格式。下面分别介绍无参函数和有参函

数的定义格式。

（1）无参函数的一般形式

无参函数的定义形式为

```
函数类型说明符  函数名( )
{
    函数体
}
```

（2）有参函数的一般形式

有参函数的定义形式为

```
函数类型说明符  函数名（数据类型符  形式参数 1[,…]）
{
    函数体
}
```

1）函数类型说明符：用来说明函数返回值的类型。返回值可以是 C 语言的任何数据类型，如 char、int、float、double 等。当是 int 类型时，类型标识符 int 可以省略。若函数无返回值，可用类型标识符“void”表示。

2）函数名：是由自定义命名的，命名规则同自定义标识符。在同一个文件中，函数是不允许重名的。

3）无参函数的函数名后面的“( )”不能省略。在调用无参函数时，没有参数传递。有参函数的函数名后面的“( )”内是用逗号分隔的若干个形式参数（简称形参），每个形参也必须指定数据类型。

有参函数的说明方法可以有两种，举例说明如下。

① 在形参表中的各参数前面加类型名：

```
float fun(int x,int y);
```

② 在函数体前单独说明：

```
float fun(x,y);
int x,y;
```

4）函数体则包含该函数所用到的变量的定义或有关声明部分（如后续将介绍的外部变量声明）及实现该函数功能的相关程序段部分。

每个函数必须单独定义，不允许嵌套定义，即不能在一个函数的内部再定义另一个函数。

注意：自定义函数不能单独运行，但可以被主函数或其他函数所调用，它也可以调用其他函数。所有自定义函数均不能调用主函数。

【实例 6-1-1】 定义一个求三个整数值中最大值的函数。

参考程序如下：

```
int max(int x,int y,int z)   //x,y,z 在调用时传递
{ int max;
  if(x>y) max=x;
  else max=y;
  if(z>max) max=z;
  return(max);                    //函数调用完成后返回值
}
```

【实例 6-1-2】 函数声明应用例子：求两个实数之积。

参考程序如下：

```
#include <stdio.h>
main()
{
    float mul(float x1,float y1);              //函数的声明
    float x,y,z;
    scanf("%f%f",&x,&y);
    z=mul(x,y);
    printf("%f*%f=%f\n",x,y,z);
}
float mul(float x1,float y1)
{
    float z1;
    z1=x1*y1;
    return(z1);
}
```

说明：

1）求乘积的函数 mul 的类型是 float，且其定义在主函数之后，属于先调用后定义的情况，所以在主函数内首部对函数 mul( )加以声明“float mul(float x1,float y1);”。

2）声明中的 x1、y1 可以不写，即为“float mul(float ,float);”。

3）若将其函数 mul( )声明去掉（可在其首尾添加注释符号，使之不起作用），则编译时会给出相关的错误信息。读者可试一试。

4）若将该例中的变量（x,y,z,z1）、形参（x1,y1）的数据类型和函数的类型都改为 int，尽管函数 mul( )仍放置在主函数之后，但也可省略相应的声明。

2. 函数的调用

函数调用的一般形式为

```
函数名(实参表列);
```

或

```
函数名();
```

前者用于有参函数，若实参表列包含两个以上实参，则各参数之间应用逗号分隔。实参的个数应与形参的个数相同，且按顺序对应的参数的类型应一致（或兼容）。后者用于无参函数的调用，括号不能省略。

从函数调用在程序中可能出现的位置这个角度来看，函数调用大致可分为以下几种形式。

1）以语句的形式进行函数调用。被调用的函数作为一个独立的语句出现在源程序中，这种语句称为函数语句。例如，常用的输入函数 scanf( )的使用：

```
scanf("%d",&n)
```

2）以表达式的形式进行函数调用。被调用的函数出现在一个表达式中，只要函数没有被说明为 void 类型，这个函数的返回值就能作为操作数出现在 C 语言的表达式中。例如：

```
x=power(y);
```

3）以函数的参数形式进行函数调用。被调用函数作为另一个函数调用的一个实参出现。例如：

```
printf("%d is greater",max(x,y));
```

【实例 6-1-3】 以表达式的形式进行函数调用。

阅读以下程序，写出正确答案。

```
#include <stdio.h>
func(int a,int b)
{
    int c;
    c=a+b;
    return c;
}
main()
{
    int x=6,y=7,z=8,r;
    r=func((x--,y++,x+y),z--);
    printf("%d\n",r);
}
```

上面程序的输出结果是（　　）。

该例中的函数 func( )是以表达式的形式进行调用的。其函数名 func 前面省略了函数类型说明符，则该函数返回值的类型默认为 int（整型）。主调函数（main( )函数）与被调函数（func( )函数）之间的参数传递采用的是值单向传递的方式，即第 1 个实参 13（x+y=6+7）单向传递给形参 a，第 2 个实参 8 单向传递给形参 b。函数的返回值为 21。故程序的输出结果是 21。

6.1.3　数组作函数参数

C 语言所定义的函数，本身是独立的。函数之间是通过调用函数时参数的传递及函数值的返回来相互联系的。

1. 变量、常量、数组元素作为函数实参

在函数调用时，使用变量、常量或数组元素作为函数实参，变量作为函数形参，在此情况下，实参与形参之间的参数的传递属于前面介绍过的值单向传递方式，即将实参的值传送（复制）到形参相应的存储单元中，此时形参和实参分别占用不同的存储单元。

前面所列举的实例 6-1-1～实例 6-1-3 均采用变量及含变量的表达式作为函数实参，也就是采用实参向形参单向传递具体值的方式。

2. 数组名作为函数实参

数组名本身代表该数组在内存中存放的首地址。在函数调用时，使用数组名作为函数实参，数组作为函数形参（此种情况下，实参和形参类型必须一致），则实参与形参之间的参数的传递属于前面介绍过的地址传递方式。

【实例 6-1-4】 求某班若干学生的平均成绩。

参考程序如下：

```
#include <stdio.h>
float ave(float b[],int n1)
{
    int i;
    float aver1,sum=0;
    for(i=0;i<n1;i++)
        sum+=b[i];
    aver1=sum/n1;
    return(aver1);
}
main()
{
    float a[50],aver;              //假设班级的学生人数最多为 50 人
```

```
    int j,n;
    scanf("%d",&n);                  //输入班级的学生人数 n≤50
    printf("Input %d scores:\n",n);
    for(j=0;j<n;j++)
       scanf("%f",&a[j]);
    aver=ave(a,n);                   //调用 ave()函数,第 1 个实参为数组名 a
    printf("average score is %.1f\n",aver);
}
```

运行结果如下：

```
6↙
Input 6 scores:
77 67 56 79 91 74.5↙
average score is 74
```

说明：在主调函数 main( )中，定义了数组 a[50]，并根据输入的班级人数将 n 个学生成绩输入至 a 数组中，然后调用 ave( )函数，数组名 a 和 n 作为实参。

在被调函数 ave( )中，b 为形参数组名，形参数组 b 与实参数组 a 的类型必须一致(此例中均为 float)。

在具体的调用过程中，实参数组名 a 并不是将数组 a 中的所有学生成绩传送给形参数组 b，而只是将实参数组的首地址传递给形参数组，从而使这两个数组共用同一存储空间，即 a[0]与 b[0]占据同一单元，a[1]与 b[1]占据同一单元……若 n 为 50，则两个数组的存储空间如图 6-1-2 所示。

实参数组		形参数组
a ⟶ a[0]	××	b[0] ⟶ b
a[1]	××	b[1]
a[2]	××	b[2]
a[3]	××	b[3]
⋮	⋮	⋮
a[48]	××	b[48]
a[49]	××	b[49]

图 6-1-2　两个数组共用同一存储空间

6.1.4　函数的嵌套调用和递归调用

1. 函数的嵌套调用

函数的嵌套调用是指函数 1 调用了函数 2，而函数 2 又调用了函数 3。也就是说，函数和函数之间没有从属关系，一个函数既可以被其他函数调用，同时该函数也可以调用别的函数。

【实例 6-1-5】 由键盘任意输入两个整数，求这两个整数的最小公倍数。

参考程序如下：

```
#include <stdio.h>
int fun1(int n1,int n2)              //fun1()函数可求出最小公倍数 gbs1
{
   int gbs1;
   gbs1=n1*n2/fun2(n1,n2);
   return(gbs1);
}
int fun2(int u,int v)                //fun2()函数可求出最大公约数 v
{
   int t,r;
      if(v>u)
   {
      t=u;u=v;v=t;
   }
   while((r=u%v)!=0)
   {
      u=v;v=r;
   }
   return(v);
}
main()
{
   int num1,num2,gbs;
   printf("input 2 numbers:");
   scanf("%d%d",&num1,&num2);
   gbs=fun1(num1,num2);              //gbs 变量中存放的是最小公倍数
   printf("gbs=%d\n",gbs);
}
```

程序运行时显示并输入：

```
input 2 numbers:7  12↙
```

则输出结果为

```
gbs=84
```

由数学知识可知，任何两个整数的最小公倍数等于这两个数之积再除以这两个数的最大公约数。

该例中共有 3 个函数，即 main( )、fun1( )和 fun2( )。fun1( )和 fun2( )这两个函数的定义是并列的、相互独立的。在程序运行过程中，main( )函数调用了 fun1( )函数以求出最小公倍数，而 fun1( )函数又调用了 fun2( )函数以求出最大公约数。这就是函数的嵌套调用，如图 6-1-3 所示。

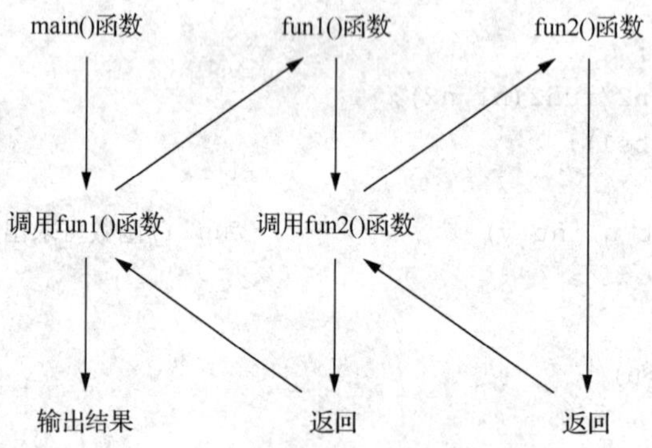

图 6-1-3　函数的嵌套调用

2. 函数的递归调用

函数的递归调用是指一个函数直接调用自己（即直接递归调用）或通过其他函数间接地调用自己（即间接递归调用）。

下面用一个例子来说明函数的递归调用方法。

【实例 6-1-6】 用递归方法求 n!。

由数学知识可知，正整数 n 的阶乘为 n×(n−1)×(n−2)×⋯×2×1。

若 n 为 5，用递归方法可有 5!=5×4!，4!=4×3!，⋯，1!=1，即可用下面的递归公式表示：

$$n! = \begin{cases} 1 & n = 0,1 \\ n(n-1)! & n > 1 \end{cases}$$

参考程序如下：

```
#include <stdio.h>
int func(int n)
```

```
{
    int s;
    if(n==1||n==0)
        s=1;
    else
        s=n*func(n-1);
    return(s);
}
main()
{
    int n,t;
    printf("input a number(n>1):");
    scanf("%d",&n);
    t=func(n);
    printf("%d!=%d\n",n,t);
}
```

程序运行时显示并输入:

```
input a number(n>1):4↙
```

输出结果为

```
4!=24
```

实例 6-1-6 中的函数 func( )的递归调用过程可用图 6-1-4 来说明。

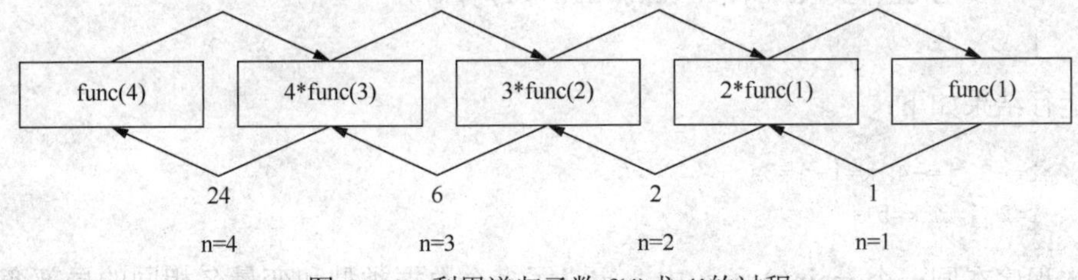

图 6-1-4　利用递归函数 f(4)求 4!的过程

由图 6-1-4 可以看到函数 func( )的递归调用过程分为两个阶段：第一个阶段是“递推调用”阶段，即当 n 值不为 1 时，不断地调用函数 func( )自己，只是每次的参数不同而已；第二个阶段是“回归计算”阶段，即先获得 func(1)的值并返回，接着依次计算出 func(2)、func(3)、func(4)的值并返回，最终得到递归调用的结果。

从程序设计的角度来说，递归过程必须解决以下两个问题。

1）递归计算的公式。

2）递归结束的条件。

实例 6-1-6 中，递归计算公式是“func(n)=n*func(n−1);”，递归结束条件是“func(1)=1”。

6.1.5 局部变量和全局变量及其作用域

C 语言中的变量按作用域范围可分为两种，即局部变量和全局变量。

1. 局部变量

在一个函数体内部定义的变量称为局部变量，局部变量也称为内部变量。其作用域仅限于该函数内，只能在函数体内访问它们，离开该函数后，该变量的作用便消失，无法使用该变量。请看下面的例子。

【实例 6-1-7】 局部变量的应用实例。

```
main()
{
    int i=2,j=3,k;
    k=i+j;
    int k=3;
    if(k!=3)printf("i=%d\tj=%d\tk=%d\n",i,j,k);
    else{
        int i=-1,j=-4,k;        //在复合语句中定义局部变量
        k=i-j;
        printf("i=%d\tj=%d\tk=i-j=%d\n",i,j,k);
    }
    printf("i=%d\tj=%d\tk=%d\n",i,j,k);
}
```

运行结果如下：

```
i=-1 j=-4 k=i-j=3
i=2 j=3 k=5
```

本程序在同一个 main( ) 函数中，定义了多个数据类型和变量名相同的局部变量 i、j、k。在程序访问这些变量时不会混淆，因为这是不同的局部变量，它们有各自的作用域范围。

说明：

1）主函数中定义的变量也只能在主函数中使用，不能在其他函数中使用。同时，主函数中也不能使用其他函数中定义的变量。因为主函数也是一个函数，它与其他函数是平行关系。

2）局部变量在没有被赋值之前，它的值是不确定的。

3）形参变量是属于被调函数的局部变量，实参变量是属于主调函数的局部变量。

4）在复合语句中也可以定义变量，其作用域只在复合语句范围内有效。

5）允许在不同的函数中使用相同的变量名，它们代表不同的对象，分配不同的单元，互不干扰，也不会发生混淆。

2. 全局变量

在 C 语言中，程序的编译单位是源程序文件，一个源程序文件可以包含一个或多个函数。前面已经介绍，在函数内定义的变量是局部变量，而在函数外定义的变量则称为外部变量，又称为全局变量。其作用域是从定义变量的位置开始到本源程序文件结束，它可以被本文件中其他函数所共用。

```
int a,b;              //外部变量的作用范围是从这里开始到文件结束
void f1()             //函数 f1()
{
  ……
}
float x,y;            //外部变量的作用范围是从这里开始到文件结束
int f2()              //函数 f2()
{
  ……
}
main()                //主函数
{
  ……
}
```

从上例可以看出 a、b、x、y 都是在函数外部定义的外部变量，都是全局变量。但 x、y 定义在函数 f1( )之后，而在 f1( )内又没有对 x、y 的说明，所以它们在 f1( )内无效。a、b 定义在源程序最前面，因此在 f1( )、f2( )及 main( )内不加说明也可使用。

【实例 6-1-8】 有一个一维数组，用于存放 10 个学生的成绩，写一个函数求出平均分、最高分和最低分。

分析：希望从函数得到 3 个结果值，而 return 语句只能得到一个返回值，这时可以利用全局变量获得另外两个值。

```
float Max=0,Min=0;                              //全局变量
float ave(float array[],int n)                  //定义函数,形参为数组
{
   int i;
   float aver,sum=array[0];                     //局部变量
```

```
    Max=Min=array[0];
    for(i=1;i<n;i++)
      {
         if(array[i]>Max)  Max=array[i];
         else if(array[i]<Min)  Min=array[i];
         sum+=array[i];
      }
     aver=sum/n;
     return(aver);
    }
     main()
     {
       float aver,score[10];      //局部变量
       int i;
       for(i=0,i<10;i++)
         scanf("%f",&score[i]);
       aver=ave(score,10);
       printf("Max=%5.2t\nMin=%5.2t\naverage=%5.2t\n",Max,Min,aver);
       getch();
     }
```

运行结果如下：

```
45 99 67.5 43 78 97 100 89 66↙
Max=100.00
Min=43.00
average=76
```

说明：

1）使用 return 语句，函数只能给出一个返回值，因为全局变量可以起到在函数间传递数据的作用，所以通过设置全局变量可以减少函数形参的数目和增加函数返回值的数目。

2）模块化程序设计希望函数是封闭的，尽量通过函数的形参与外界发生联系。所以，在实际的应用程序开发中，建议尽量不要使用全局变量，而是使用局部变量。

3）若在同一个源程序文件中，全局变量与局部变量同名，则在局部变量的作用域范围内全局变量被“屏蔽”，即它不起作用。

【实例 6-1-9】 全局变量与局部变量同名的应用实例。

```
int l=3,w=4,h=5;
int vs(int l,int w)
```

```
{
  int v;
  v=l*w*h;
  return v;
}

main()
{
   int l=5;
   printf("v=%d",vs(l,w));
   getch();
}
```

运行结果如下：

```
v=100
```

想一想，为什么？

6.2　编译预处理

为了提高程序的可移植性和编译的灵活性，C 语言提供了编译预处理命令，这也是C语言与其他高级语言的一个重要区别。由于C语言允许在程序中使用某些特殊的命令，因此在编译之前需要首先对程序中这些特殊的命令进行预处理，然后将预处理的结果和源程序一起进行编译处理，以得到最终的目标程序。

C 语言提供的预处理功能主要有宏定义、文件包含和条件编译三种，分别用宏定义命令、文件包含命令、条件编译命令来实现。编译预处理命令不属于 C 语句的范畴。为了进行区别，所有的编译预处理命令均以“#”开头，各占用一个单独的书写行，末尾不用分号作结束符。如果一行书写不下，可用反斜线（\）和 Enter 键结束，然后在下一行继续书写。它们可以出现在程序的任何位置，作用域是自出现的地方开始到源程序的末尾。例如前面已经使用过的：

```
#include <stdio.h>
#define PI 3.14
```

宏定义是指用一个指定的宏名（标识符）来代表一个字符串。在对源程序文件进行预处理时，用宏定义的字符串来代替每次出现的宏名。另外，宏名不仅可以代表字符串，还可以接收参数以扩展宏的使用。因此，宏可分为不带参数的宏和带参数的宏两种。

6.2.1 不带参数的宏定义

不带参数的宏定义

不带参数的宏定义的一般形式为

```
#define  标识符  字符串
```

例如：

```
#define  MAX(X,Y)  ((X)>(Y)?(X):(Y))
```

功能：在进行编译前，用字符串替换程序中的宏名，这个替换过程称为宏替换或宏展开。

例如：

```
#define  PI  3.14159
main()
{  float r,s,c;
   scanf("%f",&r);
   s=r*r*PI;        //PI 替换成 3.14159
   c=2*r*PI;
   printf("s=%f,c=%f",s,c);
}
```

说明：

1）宏定义位于函数外，作用域为自定义处到文件结束。可以用 #undef 命令终止其作用域。

2）为了提高程序的可读性，建议宏名用大写字母，其他的标识符用小写字母。

3）双引号中与宏名相同的字符串不进行替换。

4）已经定义的宏名可以被后定义的宏名引用。在预处理时将层层进行替换。

5）可以引用已定义的宏名进行宏定义。

6）宏展开只做简单置换，不做正确性检查。

6.2.2 带参数的宏定义

带参数的宏定义的一般形式为

```
#define  标识符(形参表)  字符串
```

其中，形参表中可以有一个或多个参数；字符串应有形参表中的参数。

例如，定义矩形面积的宏 S，a 和 b 是边长：

```
#define S(a,b)  a*b          //定义带参数的宏
area=S(3,2);                 //参数 a 的值为 3,b 的值为 2
```

上式展开为

```
area=3*2
```

对带参数的宏定义是这样展开置换的：在程序中如果有带实参的宏（如 S(3,2)），则按#define 命令行中指定的字符串从左到右进行置换。

【实例 6-2-1】 定义带参数的宏。

```
#include "stdio.h"
#define PI 3.14159          //定义无参数的宏 PI
#define S(r)PI*r*r          //用带参数的宏 S(r)表示圆的面积公式
void main()
{
    float a,area;
    a=3.6;
    area=S(a);
    printf( "r=%f\narea=%f\n",a,area);
}
```

运行结果如下：

```
r=3.600000
area=40.715038
```

说明：

1）对于带参数的宏的展开，只是将语句中宏名后面的括号中的实参字符串代替#define 命令行中的形参。在实例 6-2-1 中的 S(a)展开时，预处理时将第 3 行中的形参 r 用实参 a 的值代替，得到的实际展开式为“area=3.14159*a*a”，然后在程序编译运行时使用 a 的实际值。预处理过程实质上只是将宏展开，具体的计算要在程序运行时才进行。

2）为了使宏定义更有通用性且不易出错，一般将参数用括号括起来。例如，当实例 6-2-1 中的宏定义 S 的实参不是一个简单的变量，而是一个表达式（如 a+b）时，则宏在语句中的形式如下：

```
area=S(a+b);
```

根据宏展开的原则，只是用 a+b 代替宏变量 r，得到

```
area=PI*a+b*a+b
```

从展开式可以看出，它不可能代表圆的面积。原因在于宏定义时参数是没有加括号的，如果在宏定义时添加括号，则宏的定义如下：

```
#define S(r) PI*(r)*(r)
```

宏展开后的式子如下:

```
area=PI*(a+b)*(a+b)
```

从展开的式子可以看出，它仍然符合圆的面积公式。

3）不能把有参数的宏与函数混淆。宏只是字符序列的替换，没有值的传送，且宏名、参数都没有数据类型的概念；函数要比宏复杂，有数据类型、参数传递等概念。

6.3 实践训练：实现随机坐标

在“贪吃蛇小游戏”设计中，随机产生蛇身和食物的坐标位置。

【分析】

为了增加“贪吃蛇小游戏”的趣味性，防止作弊和人为因素，食物的位置必须随机产生。这个功能可以通过函数调用来实现。系统已经定义了很多库函数供用户使用，所以我们必须掌握函数的定义、声明、调用等相关理论知识，才可以通过函数随机产生食物的位置，再通过前面学到的知识将其输出到指定的位置。

下面分析蛇头和食物坐标位置的随机生成：每次游戏开始时，蛇头和食物的坐标都会有一个初始值，开局时在指定的坐标输出蛇头，蛇头出现在指定位置。食物和蛇身一样，只需要确定横、纵坐标，然后在指定位置输出，只不过这个坐标不是人为设定的，而是由系统自动产生的。那么，如何让系统随机生成一组坐标呢？我们可以使用C语言中已经定义好的库函数，即rand( )函数，它可以随机生成0～32769中的一个整数并返回，但我们并不能直接将其返回的值赋给食物的横、纵坐标，而要进行相应的处理，使其大小在所需要的范围内。思考一下，怎么才能将这个随机数缩小到固定范围呢？在前面的章节中已经学过求余运算，求得的余数肯定小于除数，由此，改变除数的大小就可以固定余数的范围，再对余数进行处理即可得到想要的值。例如，使用rand( )%100，就可以得到范围为100以内的随机整数（199%100=99，32769%100=69，32700%100=0）。同时，为了保证产生的食物位置的合理性，新产生的位置不能和上一次产生的位置相同，并且也不能和蛇的位置重合。

【编程】

参考程序如下：

```
void food(int *x,int *y,int *fx,int *fy,int *s,struct snake *snake)
{
    int ffx,ffy;                              //上一次食物的X、Y坐标
```

```
        ffx=*fx;
        ffy=*fy;
        if(*x==*fx&&*y==*fy)                    //如果吃到了食物，产生下一个食物
        {
            do{
                *fx=1+rand()%(N-3);
                *fy=1+rand()%(M-3);
            } while(ffx==*fx&&ffy==*fy);  //保证与上次食物的位置不同
            for(int i=(*s);i>=0;i--)
            {
               if((snake+*s)->snake_x==*fx&&(snake+*s)->snake_y==*fy)
               {
                    *fx=1+rand()%(N-3);
                    *fy=1+rand()%(M-3);
               }
            }                          //大概率保证食物与蛇身的位置不同（不能完全保证）
            (*s)++;            //分数加1
        }
    }
```

【运行结果】

程序运行结果如图 6-3-1 所示。

图 6-3-1　程序运行结果

习　题

一、选择题

1．以下正确的函数定义形式是（　　）。

A．double fun(int x,int y)　　B．double fun(int x;int y)
C．double fun(int x,int y);　　D．double fun(int x,y);

2．以下正确的函数形式是（　　）。

A．double fun(int x,int y)
{ z=x+y;return z; }

B．fun(int x,int y)
{ int z=9;return z; }

C．fun(int x, int y);
{ int x,y ; double z;
z=x+y; return z;}

D．double fun(int x,y)
{double z;
z=x+y;return z;}

3．C 语言规定，函数返回值的类型由（　　）。

A．return 语句中的表达式类型决定
B．调用该函数时的主调函数类型决定
C．调用该函数时系统临时决定
D．在定义该函数时指定的函数类型决定

4．若已定义的函数有返回值，则以下关于该函数调用的叙述中错误的是（　　）。

A．函数调用可以作为独立的语句存在
B．函数调用可作为一个函数的实参
C．函数调用可以出现在表达式中
D．函数调用可作为一个函数的形参

5．C 语言中，函数值类型的定义可以省略，此时函数值的隐含类型是（　　）。

A．void　　B．int　　C．float　　D．double

6．对于无返回值的函数 f( )，以下正确的函数原型声明语句是（　　）。

A．void f(int x,y) ;　　B．f(int x,int y);
C．void f(int x ,int y) ;　　D．void f(x,y) ;

7．以下程序的运行结果是（　　）。

```
#include <stdio.h>
int m=13;
int fun2(int x,int y)
{
   int m=3;
   return x*y-m;
}
void main()
{
   int a=7,b=5;
   printf("%d\n",fun2(a,b)/m);
}
```

A. 2　　B. 1　　C. 17　　D. 10

8. 以下程序的运行结果是（　　）。

```
#include <stdio.h>
void main()
{
    int i=1,j=3;
    printf("%d,",i++);
    {
        int i=0;i+=j*2;
        printf("%d,%d,",i,j);
    }
    printf("%d,%d\n",i,j);
}
```

A. 1,6,3,6,3　　B. 1,6,3,2,3　　C. 1,7,3,6,3　　D. 1,7,3,2,3

9. 以下程序的运行结果是（　　）。

```
fun(int x,int y,int z)
{z=x*x+y*y;}
main()
{
   int a=31;
   fun(5,2,a);
   printf("%d",a);
}
```

A. 0　　B. 29　　C. 31　　D. 无定值

10. 以下程序的运行结果是（　　）。

```
fun(int a,int b)
{
   if(a>b)return(a);
   else return(b);
}
main()
{
   int x=3,y=8,z=6,r;
   r=fun(fun(x,y),2*z);
   printf("%d\n",r);
}
```

A．3　　　　B．6　　　　C．8　　　　D．12

11．以下程序的运行结果是（　　）。

```
long  fib(int n)
{
   if(n>2)  return(fib(n-1)+fib(n-2));
   else  return(2);
}
main()
{
   printf("%d\n",fib(3));
}
```

A．2　　　　B．4　　　　C．6　　　　D．8

12．以下程序的运行结果是（　　）。

```
int a=5;
fun(int b)
{
   int a=10;
   a+=b++;
   printf("%d",a);
}
main()
{
   int c=20;
   fun(c);
   a+=c++;
   printf("%d\n",a);
}
```

A．31　26　　　　B．30　25　　　　C．5　25　　　　D．30　30

13．以下程序的运行结果是（　　）。

```
int fun(int x,int y)
{
   if(x==y)  return(x);
   else  return((x+y)/2);
}
main()
{
```

```
    int  a=4,b=5,c=6;
    printf("%d\n",fun(2*a,fun(b,c)));
}
```

A. 3　　B. 6　　C. 8　　D. 12

14. 以下程序的运行结果是（　　）。

```
fun(int x,int y,int z)
{
    z=x*x+y*y;
}
main()
{
    int a=31;
    fun(6,3,a)
    printf("%d",a);
}
```

A. 30　　B. 31　　C. 32　　D. 33

15. 以下程序的运行结果是（　　）。

```
#include <stdio.h>
int a=3,b=7;
max(int a,int b)
{
    int c;
    c=a>b?a:b
    return c;
}
main()
{
    int a=8;
    printf("%d",max(a,b);
}
```

A. 7　　B. 8　　C. 3　　D. 15

二、程序设计题

1. 编写一个函数，求数列 s=1*2*3+3*4*5+…+n*(n+1)*(n+2)。
2. 编写一个函数，求三个数中的最大值。
3. 编写一个函数，在主函数输入一个整数，程序输出该整数是否为素数的信息。
4. 编写自定义函数来实现分别求两个数的最大公约数和最小公倍数。
5. 用递归法求 1+2+3+…+n。

6．编写一个程序，用于接收用户输入的 5 个数，并计算这 5 个数的平均数，最后将计算结果返回。在 main( )函数中调用计算平均数的函数，并输出结果，要求输出的平均数精确到两位小数。

项目 7

改变蛇头的坐标实现控制蛇头的运动

学习目标

1. 熟悉地址的概念。
2. 熟练掌握指针的使用方法。
3. 熟练掌握指针在数组中的应用。

工作描述

用 C 语言编程实现“贪吃蛇小游戏”中目标物的运动控制

在“贪吃蛇小游戏”设计中，改变蛇头的坐标实现控制蛇头的运动。参考程序如下：

```
    void controlDirection(int *x,int *y,int *X,int *Y)/*x、y是蛇头的坐标，
X、Y是控制运动方向的量*/
    {if(_kbhit())
      {switch(_getch())
        {case 'w':
         case 'W':
        if(interf[*y-1][*x]!='@') //if语句保证蛇不能倒着走
           {*X=0;*Y=-1;}break;
        case 'd':
        case 'D': if(interf[*y][*x+1]!='@')
           {*X=1;*Y=0;} break;
        case 's':
        case 'S':  if(interf[*y+1][*x]!='@')
           {*X=0;*Y=1;}break;
```

```
        case 'a':
        case 'A':  if(interf[*y][*x-1]!='@')
            {*X=-1;*Y=0;}   break;
        default: break;
        }
    }
    *x=*x+*X;  //改变一次位置
    *y=*y+*Y;
}
```

这段代码是“贪吃蛇小游戏”设计中的一部分，其作用是输入 'w'、's'、'a'、'd' 后可以控制蛇头上、下、左、右移动。程序中，通过 switch-case 语句识别输入的字符并执行相应的语句。如果输入的字符是 d（D），则执行“if(interf[*y][*x + 1] != '@')”。

使蛇头向下移动，但改变蛇头坐标时有一种情况要注意，不能直接朝当前方向的反方向移动，所以在改变坐标之前要先进行判断，条件成立则执行“{*X=1; *Y=0;}”。

7.1　指针和指针变量

7.1.1　访问内存的方式及指针和指针变量的概念

指针是 C 语言中的一个重要概念，也是 C 语言的一种重要数据类型。利用指针可直接对内存中各种不同的数据结构（诸如链表、树、图等复杂的数据结构）进行快速访问和处理，指针支持内存的动态分配，能直接处理内存地址，能为函数间各类数据的传递提供非常有效的手段。用指针可以写出更紧凑和更有效的程序代码。

通常，指针指的是数据在内存中的地址，指针变量指的是存放地址的变量。

1. 访问内存的两种方式

计算机内存是以字节为单位的存储空间，内存的每一字节都有一个唯一的编号，这个编号就称为地址。

在 C 语言中，提供了两种访问内存的方式，一种是直接访问，另一种是间接访问。

（1）直接访问

C 语言程序中定义一个变量，系统就分配一个带有唯一地址的存储单元来存储这个变量。

例如，若有下面的变量定义：

```
int a=6;
printf("&d",a);
```

在第 1 行语句中，系统会为变量 a 分配一个空间，并将变量名 a 与该地址对应起来。

在第 2 行语句中，系统会根据变量名 a 和其地址的对应关系找到变量名 a 对应的内存地址，然后根据该地址值找到内存空间，取出空间上的内容。变量 a 在内存中的存储形式如图 7-1-1 所示。

地址	内存内容	变量名
1011	66	a

图 7-1-1　变量 a 在内存中的存储形式

这种直接从空间的地址存取变量值的方式称为直接访问方式。

（2）间接访问

在 C 语言程序中，还有另一种间接访问方式。将一个变量的地址存放在另一个内存单元（即变量）中，然后通过存放地址的变量来引用变量，这种存放地址的变量是一种特殊的变量，称为指针变量。

设定义一个变量 p，该变量被存放在从 2000 开始的 2 字节单元中，如图 7-1-2（a）所示。变量 a 的地址存放在变量 p 中，要存取变量 a，首先找到存放 a 的地址的存储单元首地址 2000，从 2000 地址开始的 2 字节中取出 a 的地址 1011，然后到 1011 首地址的存取单元中取出 a 变量的值，如图 7-1-2（b）所示。

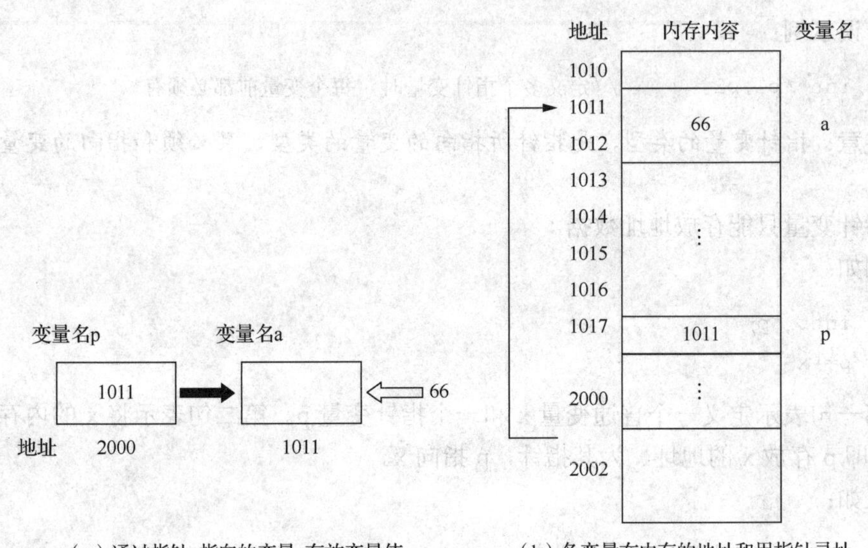

图 7-1-2　间接访问方式

2. 指针和指针变量的概念

地址：任何变量在编译时都会分配一定长度的内存空间，内存区的每字节都有一个编号，这就是地址。

指针：变量的内存地址，是一个常量，是地址的形象化表述。由于通过地址能找到所需的变量单元，可以说，地址指向该变量单元，即指针指向变量单元。

指针变量：存放变量内存地址（指针）的变量。通过指针变量找到对应变量的地址，从而访问变量的方式，称为间接访问；其他访问变量的方式称为直接访问。

7.1.2 指针变量的定义及初始化

指针变量的定义及初始化

用来存放数据地址的变量称为指针变量。指针变量和其他类型的变量一样，也必须先定义后使用。

定义形式为

```
类型说明符  *指针变量名;
```

类型说明符表示该指针可以指向何种类型的数据，指针本身则是整型；*是一个说明符，表示定义指针变量。

例如：

```
int      *p1;     //定义 p1 为指向整型变量的指针变量
char     *p2;     //定义 p2 为指向字符变量的指针变量
```

错误示例：

```
int *p1,p2        //定义多个指针变量时，每个变量前都必须有*
```

注意：指针变量的类型，是指针所指向的变量的类型，且必须和指向的变量的类型一致。

指针变量只能存放地址数据。

例如：

```
int x,*p;
p=&x
```

第一句表示定义一个普通变量 x 和一个指针变量 p。第二句表示将 x 的内存地址赋给 p，即 p 存放 x 的地址，为其指针，p 指向 x。

又如：

```
int x,*p=&x;
```

这一句的功能等同于上个例子两句的功能，为指针变量的初始化。

说明：在定义一个指针变量时，*是一个说明符，表示定义指针变量，而非运算符。

7.1.3　指针的基本运算

在 C 语言中，指针变量可以通过一对互逆的运算符进行运算。

取地址运算符："&"，用来获取变量或数组元素的地址。

引用运算符："*"，用来获得该指针所指向变量的值。

例如：

```
int  i=10,*p1,*p2,a[5];
p1=&i;                                   //获取变量的地址并赋值给 p1
p2=&a[4];                                //获取数组元素的地址并赋值给 p2
*p1=20;                                  //等同于 i=20
printf("%d\n",*p1);                      //输出指针 p1 指向变量的值,即 20
printf("%d\n",i);                        //*p1 等同于 i
```

【实例 7-1-1】 用指针变量比较 a、b 两个数的大小。

参考程序如下：

```
main()
{int *p1,*p2,*p,a=10,b=20;               //p1,p2 的类型是 int *类型
 p1=&a;                                  //使 p1 指向变量 a
 p2=&b;                                  //使 p2 指向变量 b
 if(*p1<*p2)                             //如果 a<b
 {p=p1;p1=p2;p2=p;}                      //p1 与 p2 的值互换
 printf("a=%d,b=%d\n",a,b);              //输出 a,b
 printf("max=%d,min=%d\n",*p1,*p2); //输出 p1 和 p2 所指向变量的值
}
```

【实例 7-1-2】 用指针变量比较 a、b 两个数的大小。

参考程序如下：

```
main()
{int *p1,*p2,*p,a=10,b=20;               //p1,p2 的类型是 int *类型
 p1=&a;                                  //使 p1 指向变量 a
 p2=&b;                                  //使 p2 指向变量 b
 if(*p1<*p2)                             //如果 a<b
 {p1=&b;p2=&a;}                          //改变 p1,p2 的指向
 printf("a=%d,b=%d\n",a,b);              //输出 a,b
 printf("max=%d,min=%d\n",*p1,*p2); //输出 p1 和 p2 所指向变量的值
}
```

除对变量取址（&）和指针引用（*）进行运算外，还可以对指针进行加减运算、赋

值运算、关系运算。

1. 加减运算（+、-、++、--）

指针变量可加减一个整型表达式；两个指针变量可以做减法运算，但不能做加法运算。指针加/减 1 代表指针指向上一个/下一个内存单元的地址。

例如：

```
p1++; p1--; p2+1; p2-2; p1-p2
```

错误示例：

```
p1+p2
```

注意：只有指向数组的指针变量做加减运算才有意义。指针的加减运算是以基类型（即 sizeof(类型)）为单位的。

2. 赋值运算（=）

指针变量的初始化是通过赋值实现的，它的值可以是变量、数组元素的地址，也可以是 0、NULL 或其他指针的值。未经初始化的指针变量禁止使用。

例如：

```
p1=0;p1=NULL;p1=&a;p2=a[3];p1=p2;
```

3. 关系运算（==、!=、>、>=、<、<=）

比较两个指针的大小可以确定指针的相对位置，但不同类型的指针不能进行比较。判断指针是否为空可以用指针和 NULL 进行比较。

例如：

```
p1>p2;p1!=p2;p1==NULL;
```

7.2 指针与数组

7.2.1 指向数组的指针

由于数组在内存中占用一片连续的存储单元，任何通过数组下标可以完成的操作，都可以通过指针来完成，而且使用指针速度更快，程序更紧凑。因此，如果定义一个指向数组的指针，将该指针指向数组的第一个元素，则通过改变指针的值，就可以存取数

组中的每一个元素。

由于指针变量存放的是内存的地址，改变指向数组的指针变量的值，就可以指向不同的数组元素。指向数组的指针，可以进行下面几种运算。

1. 指针与整数相加减（指针的移动）

p++、++p、p+=1 向高地址移动，指向后一个元素。
p--、--p、p-=1 向低地址移动，指向前一个元素。
p+=n 向高地址移动，指向后 n 个元素。
p-=n 向低地址移动，指向前 n 个元素。

2. 两个同类型指针相减

相减的结果是两个指针之间的元素个数。

3. 同类型指针的比较

比较的结果是两个指针所指数组元素之间的前后关系。

例如，设指针 p 和 q 分别指向同一数组的元素 a[m]和 a[n]，那么，若有关系表达式 p>q，其值为 1，则表示 a[m]的位置在 a[n]之前。

【实例 7-2-1】 求指针 p、q 之间的元素个数。

参考程序如下：

```
#include "stdio.h"
void main()
{
   float a[10],*p,*q;
   p=&a[0];
   q=&a[5];
   printf("q-p=%d\n",q-p);
}
```

运行结果如下：

```
q-p=5
```

说明：将指针 p、q 相减，实际上是将其对应的地址进行相减，得到的应该是指针 p、q 之间的元素个数。

数组的指针是指数组的首地址，数组元素的指针是指数组元素的地址。

例如：

```
int a [5], *p=a;
```

指针 p 与 a 数组的各元素之间存在如图 7-2-1 所示的对应关系。

由于 p 是指针变量，它指向 a[0]的地址，那么，a[1]的地址可用 p+1 表示。同样，p+i 是 a[i]的地址，也就是 p+i 指向 a[i]。

注意：引用一个数组元素，可有两种方法：①下标法 a[i]或 p[i]形式；②指针法*(a+i)、*(p+i)或*p 形式。

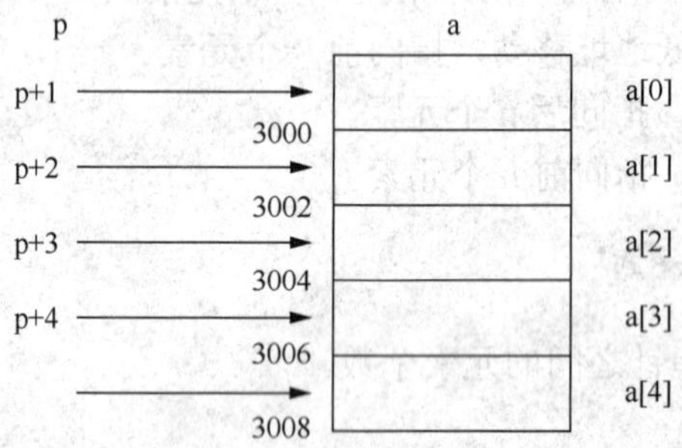

图 7-2-1　指针与一维数组的关系

数组名 a 又可称为指针常量或地址常量，利用指针 p 访问数组的三种应用如下：

1）采用*p++：

```
#include "stdio.h"
void main()
{
   int a[ ]={2,4,6,8,10},*p=a;
      for(;p<a+5;)
         printf("*p=%d\n",*p++);
}
```

2）采用*(p+i)：

```
#include "stdio.h"
void main()
{
   int a[ ]={2,4,6,8,10},*p=a,i;
      for(i=0;i<5;i++)
         printf("*p=%d\n",*(p+i));
}
```

3）采用 p[i]：

```
#include "stdio.h"
void main()
```

```
{
   int a[ ]={2,4,6,8,10},*p=a,i;
      for(i=0;i<5;i++)
         printf("*p=%d\n",p[i]);
}
```

三种方式的运行结果相同：

```
*p=2
*p=4
*p=6
*p=8
*p=10
```

指针移动时会改变指针变量的值，因此要注意指针的当前值。

【实例 7-2-2】 输入和输出数组 a 的 10 个元素。

参考程序如下：

```
void main()
{
   int  i,a[10],*p=a;
      for(i=0;i<10;i++)
      scanf("%d",p++)
   printf("\n");
   for(i=0;i<10;i++)
      printf("%d",*p++);
}
```

运行结果如下：

```
12345678910↙
0124512041990011367404836741362367460124306821473484800
```

说明：显然输出的数值并不是 a 数组中每个元素的值。原因是指针 p 的初始值为数组 a 的首地址，但经过第一个 for 循环读入数据后，p 已指向数组 a 的末尾。因此，在执行第二个 for 循环时，p 的值不是&a[0] 了，而是 a+10。故执行循环时，每次执行 p++，p 指向的是数组 a 后面的值，实际上就是一些不定值。

思考：如何解决实例 7-2-2 中的问题？

【实例 7-2-3】 输入和输出一位选手的 5 个评分，采用下标法、数组名访问法和指针变量访问法三种方法实现。

参考程序 1：下标法（常用，很直观）。

```
#include "stdio.h"
void main()
{
    int grade[5],i;
    printf("请输入一位选手的 5 个评分\n");
    for(i=0;i<5;i++)
        scanf("%d",&grad[i]);
    printf("该选手的 5 个评分为:\n");
    for(i=0;i<5;i++)
        printf("%3d",grad[i]);
    printf("\n");
}
```

参考程序 2：数组名访问法（效率与下标法相同，不常用）。

```
#include "stdio.h"
void main()
{
    int grade[5],i;
    printf("请输入一位选手的 5 个评分\n");
    for(i=0;i<5;i++)
        scanf("%d",&grad[i]);
    printf("该选手的 5 个评分为:\n");
    for(i=0;i<5;i++)
        printf("%3d",*(grad+i));
    printf("\n");
}
```

参考程序 3：指针变量访问法（常用，效率高）。

```
#include "stdio.h"
void main()
{
    int grade[5],i,*p;
    printf("请输入一位选手的 5 个评分\n");
    for(i=0;i<5;i++)
        scanf("%d",&grad[i]);
    printf("该选手的 5 个评分为:\n");
    for(p=grade;p<grade+5;p++)
        printf("%3d",*p);
    printf("\n");
}
```

思考：如何利用指针来计算一位选手的最高分和最低分，以及最后得分？

4. 二维数组的指针

指针可以指向一维数组，也可以指向二维数组，但在概念和使用上二维数组比一维数组复杂一些。

在二维数组中，整个数组有一个首地址，数组中每一行有一个首地址，称为行地址，每个数组元素也有一个地址。

二维数组在逻辑上是二维空间，但是在存储器中则是以行为顺序，占用一片连续的内存单元，其存储结构是一维线性空间。因此，可以把二维数组视为一维数组来处理。即把二维数组看成一种特殊的一维数组，它的元素是一个一维数组。例如：

```
int a[4][3];
```

a 是数组名，它包含 4 行，可看成由 4 个元素 a[0]、a[1]、a[2]和 a[3]组成的一维数组，而每个元素又都是具有 3 个元素的一维数组：

```
a[0]    {a[0][0],a[0][1],a[0][2]}
a[1]    {a[1][0],a[1][1],a[1][2]}
a[2]    {a[2][0],a[2][1],a[2][2]}
a[3]    {a[3][0],a[3][1],a[3][2]}
```

a[0]、a[1]、a[2]和 a[3]被看成一维数组名，所以又代表二维数组中每一行的首地址。

由于 a 代表整个二维数组的首地址，即第一行的首地址，则 a+1、a+2、a+3 分别代表第二行、第三行和第四行的首地址。

根据二维数组的存储结构，可采用指向二维数组元素的指针或指向二维数组行的指针访问二维数组。

（1）指向二维数组元素的指针

如果将二维数组的首地址赋给相应基本类型的指针变量，则该指针变量就指向了二维数组，此后，就可以通过该指针变量去访问二维数组。例如：

```
int *p,a[3][4];
p=a;
```

【实例 7-2-4】 用指向数组元素的指针输出二维数组的各元素。

参考程序如下：

```
#include "stdio.h"
void main()
{
   int b[2][3]={2,42,3,16,21,9};
```

```
    int *p;
    for(p=b[0];p<b[0]+6;p++)
    {
      if((p-b[0])%3==0)  printf("\n");   //每行输出 3 个数
      printf("%5d",*p);
    }
      printf("\n");
  }
```

运行结果如下：

```
2    42    3
16   21    9
```

说明：p 是指向数组元素的指针，每次循环 p++使 p 指向下一个数组元素。这是一种顺序输出数组中各元素的方法，实际上是将二维数组看成按行连续存放的一维数组。

练习：在实例 7-2-4 已实现功能的基础上，再实现求最大值的功能。

（2）指向二维数组行的指针

指向二维数组某一行的指针，称为行指针。

定义形式为

```
数据类型（*指针）[n]
```

其中，指针名连同其前面的“*”一定要用圆括号括起来；n 表示二维数组的列数，指针指向一维数组的长度。

例如：

```
int  a[3][4];
int (*p)[4];
p=a[0];
```

行指针的移动是以行为单位，不能指向数组中的任意一个元素，但可用行指针引用。

当行指针 p 指向二维数组的第一行时，则*p 表示 a[0]、*((*p)+1)、(*p)[1]、p[0][1]，即 a[0][1]，以此类推，通过行指针访问任一个数组元素的形式有

```
*(*(p+i)+j)(*p+i)[j]
p[i][j]
```

【实例 7-2-5】 用指向二维数组元素的行指针输出二维数组的各元素。

参考程序如下：

```
#include "stdio.h"
void main()
```

```
{
    int b[2][3]={2,42,3,16,21,9};
    int (*p)[3],i,j;
    for(p=b,i=0;i<2;i++)
    {
        for(j=0;j<3;j++)
           printf("%5d",*(*(p+i)+j));
        printf("\n");
    }
    for(p=b;p<b+2;p++)
    {
        for(j=0;j<3;j++)
          printf("%5d",*(*p+j));
        printf("\n");
    }
}
```

运行结果如下：

```
2     42     3
16    21     9
2     42     3
16    21     9
```

说明：该程序使用行指针 p 两次输出二维整型数组 b 的各数组元素。第一次用 for 循环输出二维数组元素时，指针变量 p 保持不变，用*(*(p+i)+j)代表数组元素 a[i][j]，当然也可以用(*p+i)[j]、p[i][j]输出数组元素。第二次用 for 循环输出二维数组元素时，每次执行外循环使 p 的值加 1，p 指向下一行，而*p 代表该行第 0 列元素的地址，*p+j 是指针 p 所指行的第 j 个元素的地址。

通过以上两例，可以看出两种指针变量的使用区别：指向数组元素的指针变量可以访问任意长度的数组，指向数组行的指针变量只能访问固定长度的数组。

【实例 7-2-6】 求出二维数组中所有元素的和。

参考程序如下：

```
#include "stdio.h"
void main()
{
    int a[3][3]={1,2,3,4,5,6,7,8,9};
    int (*p);
    int sum=0;
```

```
    for(p=*a;p<*a+9;p++)              //*a 表示第 0 行第 0 列的地址
      sum=sum+*p;
    printf("二维数组元素的总和=%d\n",sum);
}
```

说明：*a 表示第 0 行第 0 列的地址，*a+8 表示二维数组最后一个元素的位置。p++使 p 指向下一个数组元素。

思考：用指针实现求出二维数组中所有元素的最大值。

【实例 7-2-7】 用指针实现 N 位选手 5 个评分的输入和输出。

分析：N 位选手 5 个评分需要定义一个 N 行 5 列的二维数组，同时定义一个指向二维数组的指针数组，即

```
int grade[n][5];
int (*p)[4];
p=grade[0];
```

则通过行指针访问任何一个数组元素的形式有

```
*(*(p+i)+j)
*(p+i)[j]
p[i][j]
```

下面用*(*(p+i)+j)的访问法，参考程序如下：

```
#include "stdio.h"
#define N 5          //5 名选手
void main()
{
   int grade[N][5];
   int (*p)[5],i,j;
   p=grade;
   printf("请输入%d 位选手 5 个评分:\n",N);
   for(i=0;i<N;i++)
   {
      for(j=0;j<5;j++)
      scanf("%8d",(*(p+i)+j));
   }
   printf("*********************\n");
   for(i=0;i<N;i++)
   {
      for(j=0;j<5;j++)
```

```
            printf("%8d",*(*(p+i)+j));
        printf("\n");
    }
}
```

练习：

1）用其他两种访问法编写程序。

2）在以上程序的基础上计算各选手的最后得分。

5. 指向数组的指针作函数的参数

用数组名作函数的实参和形参的问题，在学习指针变量之后就更容易理解了。数组名就是数组的首地址，实参在函数调用时，是把数组首地址传送给形参，所以实参向形参传递数组名实际上就是传递数组的首地址。形参得到该地址后指向同一个数组，即形参和实参共享同一空间。这就好像同一件物品有两个不同的名称一样。同样，数组指针变量的值即为数组的首地址，当然也可以作为函数的参数使用。

【实例 7-2-8】 将数组 a 中的 n 个整数按相反的顺序存放。

参考程序如下：

```
#include "stdio.h"
void inv(int x[ ],int n)
{
    int m,temp,i,j;
    m=(n-1)/2;
    for(i=0;i<=m;i++)
    {
        j=n-1-i;
        temp=x[i];x[i]=x[j];x[j]=temp;
    }
}
void main()
{
    int i,*p,a[10]={1,2,3,4,5,6,7,8,9,10};
    p=a;
    inv(p,10);
    for(i=0;i<10;i++)
    printf("%d",a[i]);
    printf("\n");
}
```

说明：本题中函数的形参是数组，调用函数时将数组指针变量作为函数的实参传递给了形参。

运行结果如下：

```
10, 9, 8, 7, 6, 5, 4, 3, 2, 1
```

【实例 7-2-9】 使用函数从 n 个数中找出最大值和最小值，并在主调函数中输出。

参考程序如下：

```
#include "stdio.h"
#define N 5
float max_element(float b[ ],int n);
void main()
{
    float a[N];
    float *pa=a;                              //定义指针变量,并指向数组
    int i;
    float max;
    for(i=0;i<N;i++)                          //输入数据
    scanf("%f",&a[i]);
    max=max_element(pa,N);                    //函数调用的实参是指针
    printf("max=%.2f\n",max);
}
float max_element(float b[ ],int n)           //函数形参为数组
{
    float max;
    int j;
    max=b[0];
    for(j=1;j<=n;j++);
    if(max<b[j])  max=b[j];
    return max;
}
```

将实例 7-2-9 中函数的形参修改为指针变量，实现同样的功能。

【实例 7-2-10】 输出二维数组中各元素的值，要求用函数输出。

参考程序 1：

```
#include "stdio.h"
void pp(int(*p)[4])
{
    int i,j;
```

```
        for(i=0;i<3;i++)
        {
            for(j=0;j<4;j++)
                printf("%5d",*(*(p+i)+j));
            printf("\n")
        }
    }
    void main()
    {
         int s[3][4]={1,2,3,4,5,6,7,8,9,10,11,12};
         int i,j;
         pp(s);
    }
```

说明：函数参数 int(*p)[4]表示指向含 4 个元素的一维整型数组的指针变量（是指针）。

运行结果如下：

```
1    2    3    4
5    6    7    8
9    10   11   12
```

参考程序 2：

```
    #include "stdio.h"
     void pp(int a[ ][4])
    {
        int i,j;
        for(i=0;i<3;i++)
        {
            for(j=0;j<4;j++)
                printf("%5d",*(*(a+i)+j));
            printf("\n");
        }
    }
    void main()
    {
        int s[3][4]={1,2,3,4,5,6,7,8,9,10,11,12};
        int i,j;
        pp(s);
    }
```

说明：函数参数采用数组。

练习：将数组 a 中的 n 个整数按从大到小的顺序存放。

【实例 7-2-11】 某公司有三名销售员销售三个品牌的饮水机，用指针实现所有销售员各类销售量的输入、输出，以及输出创造最高销售量的销售员（在函数中进行）。

参考程序如下：

```
#include "stdio.h"
void print(int(*p)[4],int n)          //输出数组元素的函数
{
  int i,j;
    for(i=0;i<3;i++)
    {
        for(j=0;j<4;j++)
             printf("%5d",*(*(p+i)+j));
        printf("\n")
    }
}
void get_sum(int(*p)[4],int n)        //求每个销售员的总销售量
{
    int i,j;
    for(i=0;i<n;i++)
    {
        for(j=0;j<3;j++)
        *(*(p+i)+3)+=*(*(p+i)+j);
    }
}
int get_max(int(*p)[4],int n)         //求创造最高销售量的是第几位销售员
{
    int i,max,k;
    max=*(p[0]+3);
    k=0;
    for(i=1;i<n;i++)
    if(*(*(p+i)+3)>max)
        k=i;
    return k;
}
void main()
{
    int s[3][4]={182,378,290,0,282,390,450,0,382,168,246,0};
```

```
                              //0 的位置将存放三名销售员各自的总销售量
    int i,k;
    get_sum(s,3);             //调用求每个销售员总销售量的函数
    print(s,3);               //调用输出函数
    printf("最高销售量为:\n");
    k=get_max(s,3);           //调用求创造最高销售量的是第几位销售员的函数
    for(i=0;i<4;i++)
       printf("%5d",s[k][i]);
    printf("\n");
}
```

说明：三名销售员销售三个品牌的饮水机的销售量存放在一个 3×4 的二维数组中，其中最后一列用来存放每名销售员的销售量之和。

7.2.2　指向字符串的指针变量

在 C 语言中，字符串是存放在字符数组中的。为了对字符串进行操作，可定义一个字符数组，也可以定义一个字符指针。

【实例 7-2-12】　通过字符指针变量输出字符串。

参考程序如下：

```
main()
{  char string[ ]="Hello World! ";
   char *str1="I Love China";
   string[7]='G';              //字符数组赋值
   printf("%s\n",string);      //输出字符串
   printf("%c\n",string[7]);  //输出一个字符
   printf("%s\n",str1);        //输出字符串
   str1="I am a girl"          //重新赋值
   printf("%s\n",str1);        //输出字符串
}
```

【实例 7-2-13】　阅读下面程序，写出程序的运行结果。

```
#include "stdio.h"
#include "string.h"
void main()
{
    int i;
    char *pc,ac[10];
    pc="abcd";
```

```
    for(i=0;pc[i]!='\0';i++)
        ac[i]=pc[i];
    ac[i]="\0";
    printf("%s\t%s\t%d\n",pc,ac,strmp(pc,ac));
}
```

虽然用字符数组和字符指针都能实现字符串的存储和运算，但它们二者之间是有区别的。

1. 用字符数组方式

```
char s[ ]="China";
```

1）字符数组一旦定义，编译系统为字符数组分配一段连续的内存单元，每个数组元素都有自己的名字：s[0]，s[1]，…，s[5]。

2）s 是数组名，是一个地址常量，不能重新赋值。

3）字符数组不能用赋值语句整体赋值，如“s="China";”是错误的。只能逐个赋值：s[0]='C'，s[1]='h'，…，s[4]='a'，可用“scanf("%s",s);”整体输入字符串。

2. 用字符指针方式

```
char *sp="China";
```

1）字符指针定义时，编译系统仅为字符指针*sp 分配一个用于存放指针变量的单元，运行时才把字符串的首地址赋给字符指针，即字符指针 sp 只存放字符串的首地址，而不是字符串本身。但各字符可通过指针来引用：*(sp+0)，*(sp+1)，…。也可写成 sp[0]，sp[1]，…的形式，但含义与数组方式不同。

2）sp 是指针变量，可重新赋值，如

```
char *sp="China",*sq="Japan";
sp=sq;
```

3）指针可用赋值语句整体赋值，如

```
sp="China";
```

【实例 7-2-14】 将两个字符串进行交换。

参考程序如下：

```
void main()
{
    char *ch1="ABC";
    char *ch2="XYZ";
```

```
        char *c;
        c=ch1;
        ch1=ch2;
        ch2=c;
        printf("ch1=%s ch2=%s",ch1,ch2);
    }
```

运行结果：

```
ch1=XYZ ch2=ABC
```

说明：将字符指针看成字符串变量，可以将字符串进行整体赋值，解决数组中较难解决的问题，所以，用字符指针使字符串的处理变得更为方便和灵活。但不提倡用“scanf ("%s",sp);”整体输入字符串。可先定义一个字符数组，使字符指针指向数组的首地址，如

```
char s[5],*sp=s;
scanf("&s",sp);
```

练习：用字符指针实现输入两个字符串，不用字符串连接函数，将第二个字符串连接到第一个字符串后面。

3. 程序举例

【实例 7-2-15】 党支部评优的时候，有三位候选人，现要求对三位候选人以姓氏的英文字母排序，请用C语言中的字符指针解决此问题。

参考程序如下：

```
#include "stdio.h"
#include "string.h"      //因为要用到strcmp()函数
void main()
{
    char *name1="张晓明",*name2="李刚",*name3="王伟",*t;
    if(strcmp(name1,name2)>0)
    {t=name1;name1=name2;name2=t;}
    if(strcmp(name1,name3)>0)
    {t=name1;name1=name3;name3=t;}
    if(strcmp(name2,name3)>0)
    {t=name2;name2=name3;name3=t;}
    printf("输出的姓名为:\n");
    printf("%s\n",name1);
    printf("%s\n",name2);
```

```
    printf("%s\n",name3);
}
```

说明：本题用 name1、name2、name3 三个字符指针指向字符串的第一个元素，在三个字符串中存储了三位候选人的姓名，在 strcmp( ) 函数中用这些字符指针进行比较，实现了姓名的排序。

【实例 7-2-16】 用指针实现将字符串 str1 复制到字符串 str2。

参考程序如下：

```
#include "stdio.h"
void main()
{
    char str1[]="What's your name?",str2[20];
    int i;
    for(i=0;*(str1+i)!='\0';i++)
    *(str2+i)=*(str1+i);
    *(str2+i)='\0';                          //设置字符串 str2 的结束标志
    printf("String str1:\t%s\n",str1);   //指针法
    printf("String str2:\t");
    for(i=0;str2[i]!='\0';i++)               //按数组元素输出
    printf("%c",str2[i]);                    //数组下标法
    printf("\n");
}
```

说明：在程序中，str1 和 str2 都定义为字符数组。在第一个 for 循环中，先检查*(str1+i)（即 str1[i]）是否为字符'\0'，若不为'\0'，表示字符串尚未处理完，就将*(str1+i)的值赋给*(str2+i)。最后通过语句“*(str2+i)='\0';”将字符串的结束标志'\0'复制到 str2。第二个 for 循环是采用数组下标法表示一个数组元素的。

7.2.3 指针数组

1. 指针数组的定义

若数组的元素均为指针类型数据，则称其为指针数组。指针数组的每个元素都是一个指针数据。定义指针数组的一般形式如下：

```
类型标识符    *数组名[数组元素个数];
```

在定义中，“数组名[数组元素个数]”先组成一个说明部分，表示一个一维数组及其元素个数；“类型标识符 *”则说明数组中每个元素都是指针类型。例如：

```
int  *ip[10];
```

```
float *cp[5];
```

这里定义了两个指针数组，ip 是整型指针数组，cp 是实型指针数组。

指针数组也可以进行初始化，例如：

```
static char *p1[5]=("Pascal","C","C#","Basic","Java");
```

字符指针数组有 5 个元素，每个元素都是指针，其中 p1[0]指向字符串"Pascal"，p1[1]指向字符串"C"，p1[2]指向字符串"C#"，p1[3]指向字符串"Basic"，p1[4]指向字符串"Java"。其示意图如图 7-2-2 所示。

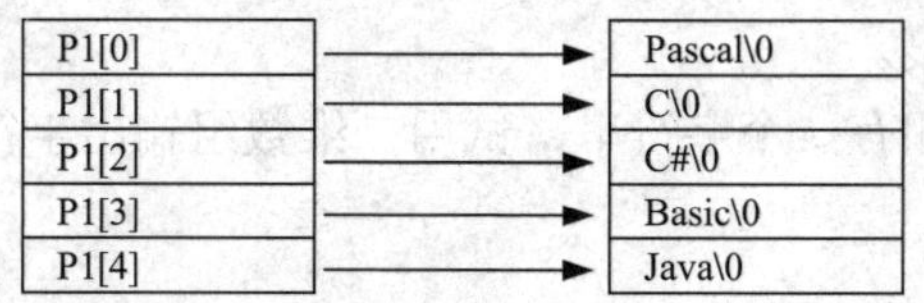

图 7-2-2　指针数组

一般情况下，运行指针的目的是操作目标变量，使对目标变量的操作变得灵活并能提高运行效率。例如，使用指针数组处理多个字符串比使用字符数组更为方便灵活。

2. 用指针数组处理多维数组

【实例 7-2-17】 用指针数组处理多维数组。

参考程序如下：

```
#include "stdio.h"
void main()
{
    static int a[2][3]={{1,2,3},{4,5,6}};
    int i,j,*pa[2];
    pa[0]=a[0];
    pa[1]=a[1];
    for(i=0;i<2;i++)
    {
        for(j=0;j<3;j++)
            {printf("%3d",*pa[i]++);}
        printf("\n");
    }
}
```

运行结果如图 7-2-3 所示。

```
 1  2  3
 4  5  6
请按任意键继续. . .
```

图 7-2-3　用指针数组处理多维数组运行结果

3. 用字符指针数组处理字符串组

前面已经介绍过，用一维字符数组或字符型指针可以处理一个字符串，但当有多个字符串，并且这些字符串不等长时，用指针数组来处理就显得十分灵活方便，并且能提高其存储效率和执行速度。

【实例 7-2-18】 假如有一个字符串，试用二维数组输出字符串。

参考程序如下：

```
#include <stdio.h>
void main()
{
    static char *p[5]={"Pascal","C","C#","Basic","Java"};
    int i;
    for(i=0;i<5;i++)
    printf("%s\n",p[i]);
}
```

运行结果如图 7-2-4 所示。

```
Pascal
C
C#
Basic
Java
请按任意键继续. . .
```

图 7-2-4　用二维数组输出字符串的运行结果

程序在定义二维数组时，其列数必须是最长字符串的字符个数，但由于字符串长度不一，二维数组的很多单元未被利用，特别是当处理的字符串很多时，其存储效率就很低。然而，用指针数组来处理情况就不同了，指针数组的各个指针所指向的字符串长度可以不等。

4. 指针数组用作 main( )函数的形参

指针数组的一个重要应用是作为 main( )函数的形参。在前面所接触到的程序中，函数都不带参数，总是写成 void main( )。

由这种无参 main( )函数构成的程序，经编译生成可执行命令文件后，执行时只能在

操作系统状态下输入可执行命令文件名。在实际应用中，有时希望在执行程序时，命令名后面要带若干参数，即

命令名　参数 1　参数 2　…　参数 n

其中，命令名和各参数间用空格隔开，这就是所谓的命令行参数。main( )函数要接收命令行参数，就需定义自己的形参。C 语言规定 main( )函数的形参有两个：一个是 argc，整型变量，它表明命令行中参数的个数（通常包括命令名）；另一个是指针数组 argv，由于命令行每一个参数都是字符串，该指针数组就用来存放这些字符串的首地址。

带参数的 main( )函数的一般格式如下：

```
main(int argc, char *argv[])
{
   函数体
}
```

例如，pointarray 程序的作用是把它后面的参数输出，如

```
c:>pointarray  This is a example.
```

则在显示器上输出

```
This is a example.
```

参考程序如下：

```
#include <stdio.h>
void main(int argc,char *argv[ ])
{
   int i;
   for(i=1;i<argc;i++)
   printf("%s\t",argv[i]);
}
```

运行结果如图 7-2-5 所示。

```
C:\Documents and Settings\Administrator\桌面\11111\pointarray\pointarray\mingw2.
95>pointarray  This is a exapmle
This    is      a       exapmle
```

图 7-2-5　带参数的 main( )函数的运行结果

7.3 实践训练：实现“贪吃蛇小游戏”中目标物的运动控制

在“贪吃蛇小游戏”设计中，改变蛇头的坐标实现控制蛇头的运动。

【分析】

游戏中，蛇头总是朝着某一方向持续移动，食物的位置是随机出现的，若想吃到食物，得到分数，则必须频繁改变蛇头的运动方向，这是如何实现的呢？蛇头的坐标位置是存储到二维数组中的，改变蛇头的坐标后再将其存储到数组中，输出后蛇头的坐标位置就发生了变化，这样的设计过程包括多个函数和函数参数传递，而数组作为函数参数时与其他参数不同，需要我们学习指针的相关概念，才能通过指针改变蛇头的坐标，实现控制蛇头的运动。

下面分析如何实现目标物的运动控制。控制目标物上、下、左、右四个方向的运动，可以用键盘上的 W、S、A、D 键代替，当程序检测到输入的字符为其中某一个时，执行相应的代码改变蛇头的运动方向；当无输入或输入的是其他字符时，则按照原来的方向持续运动。在程序中，可对蛇头的横坐标或纵坐标加一个整型变量，这个整型变量可以是整数，使蛇头的坐标发生改变，但横、纵坐标中只能有一个量在增减。例如，蛇头的坐标表示为(*x，*y)，蛇头左、右持续运动可反复执行*x=*x+*X 实现，当*X=−1 时，向左每次运动 1 格；当*X=1 时，向右每次运动 1 格。蛇头上、下持续运动可反复执行*y=*y+*Y 实现，当*Y=−1 时，向上每次运动 1 格；当*Y=1 时，向下每次运动 1 格。为了保持持续、有序的运动，*X 和*Y 其中必有一个为 0，但不能同时都为 0。

【编程】

参考程序如下：

```
    void controlDirection(int *x,int *y,int *X,int *Y)/*x、y 是蛇头的坐标，
X、Y 是控制运动方向的量*/
    {if(_kbhit())
       {switch(_getch())
         {case 'w':
          case 'W':
          if(interf[*y-1][*x]!='@')       //if 语句保证蛇不能倒着走
             {*X=0;*Y=-1;} break;
          case 'd':
          case 'D':  if(interf[*y][*x+1]!='@')
             {*X=1;*Y=0;} break;
```

```
        case 's':
        case 'S': if(interf[*y+1][*x]!='@')
            {*X=0;*Y=1;}break;
        case 'a':
        case 'A': if(interf[*y][*x-1]!='@')
            {*X=-1;*Y=0;}  break;
        default: break;
        }
    }
    *x=*x+*X;                          //改变一次位置
    *y=*y+*Y;
}
```

【运行结果】

程序运行结果如图 7-3-1 所示。

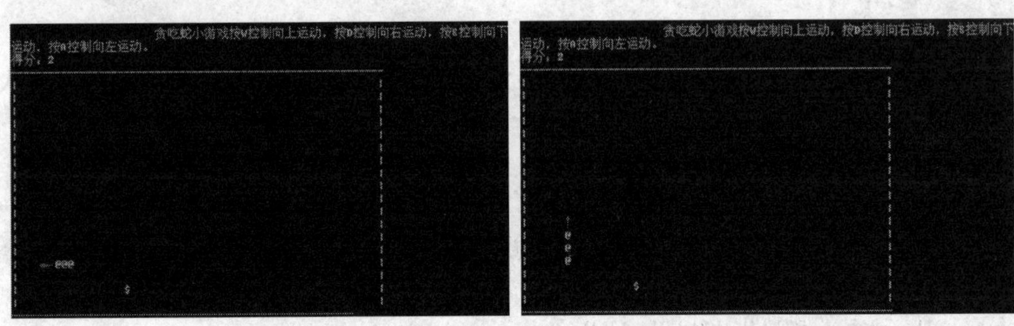

图 7-3-1　程序运行结果

习　题

一、选择题

1．变量的指针是指变量的（　　）。

A．值　　B．地址　　C．名　　D．一个标志

2．若有以下定义，则对数组 x 的数组元素的正确引用是（　　）。

```
int  K[20],*pt=K;
```

A．*&K[10]　　B．* (K+3)　　C．* (pt+10)　　D．pt+3

3．已知“int*p,a;”，则语句“p=&a;”中的运算符“&”的含义是（　　）。

A．位与运算　　B．逻辑与运算　　C．取指针内容　　D．取变量地址

4．若有定义语句“double d[5]={1.1,2.2,3.3,4.4,5.5},*p=d;”，则错误引用数组 d 的数组元素的是（　　）。

A．*p　　B．d[5]　　C．* (p+1)　　D．*d

5．已知“double d;”，希望指针变量 pd 指向 d，下面对指针变量 pd 的正确定义是（　　）。

A．double pd;　　B．double &pd　　C．double *pd　　D．double*(pd)

6．以下程序段运行后的输出结果是（　　）。

```
void  main()
{
    int a[10]={1,2,3,4,5,6,7,8,9},*p=&a[3],*q=p+2;
    printf("%d\n",*p+*q);
}
```

A．16　　B．10　　C．8　　D．6

7．若有定义语句“double x,y, *px, *py”，执行“px=&x, py=&y;”后，正确的输入语句是（　　）。

A．scanf("%f%f",x,y);　　B．scanf("%f%f",&x,&y);

C．scanf("%lf%lf",px,py);　　D．scanf("%lf%lf",x,y);

8．把下列不正确的字符串赋值或者赋初值的方式是（　　）。

A．char *str;str="string";

B．char str[7]={'s','t','r','I','n','g'};

C．char str[10];str="string";

D．char str1="string",str2[20];atrcpy(str2,str1);

9．以下程序的运行结果是（　　）。

```
void main()
{
    int irr[]={6,7,8,9},*ptr=irr;
    *(ptr+2)+=2;
    printf("%d,%d\n", *ptr, *(ptr+2));
}
```

A．3,7　　B．4,8　　C．5,9　　D．6,10

10．以下程序的运行结果是（　　）。

```
void  main()
{
    int a[]={2,4,6,8,10};
```

```
    int y=1,x,*p;
    p=&a[1];
    for(x=0;x<3;x++)
    y+=*(p+x);
    printf("%d\n",y);
}
```

A. 17　　　　B. 18　　　　C. 19　　　　D. 20

二、填空题

1．要使指针变量与变量之间建立联系，可以用运算符__________来定义一个指针变量，用运算符__________来建立指针变量与变量间的联系。

2．已知“int a=10,*p=&a;”，则“printf("%d, %d\n", a, *p);”的输出结果是________。

3．已知“float f1=3.2,f2, *pf1=&f1;”，现在希望变量 f2 的值为 3.2，可使用赋值语句______________或______________。

4．设有以下定义的语句：

```
int a[3][2]={10,20,30,40,50,60},(*p)[2];
p=a;
```

则值* (* (p+2)+1)为__________。

5．在 C 语言中，指针变量的值增 1，表示指针变量指向下一个__________，指针变量中具体增加的字节数由系统自动根据指针变量的__________决定。

三、程序分析题

1．阅读程序，写出运行结果。

```
void  main()
{
    int var,*p;
    var=20;p=&var;
    var=*p+10;
    printf("%d",var);
}
```

2．阅读程序，写出运行结果。

```
#include <stdio.h>
void prtv(int *x)
{
  printf(" %d\n", ++*x);
```

```
}
void main()
{
  int a=30;
  prtv(&a);
}
```

3. 阅读程序，写出运行结果。

```
#include <stdio.h>
void main()
{
    int a[]={1,2,3,4,5,6};
    int *p;
    p=a;
    printf("%d,",*P);
    printf("%d,",*(++P)) ;
    printf("%d,",*++P);
    printf("%d,",*(P--);
    P+=3;
    printf("%d,%d\n",*p,*(a+3));
}
```

4. 阅读程序，写出运行结果。

```
#include <stdio.h>
void  main()
{
    char *str="abcde";
    printf("%c,",*str);
    printf("%c,",*str++);
    printf("%c,",*++str);
    printf("%c,",(*str)++);
    printf("%c\n"++*str);
}
```

项目 8

用定义蛇身的结构体存储蛇身坐标

学习目标

1. 熟悉结构体与结构体类型的概念。
2. 熟悉结构体数组和指向结构体的指针变量的使用。
3. 熟悉共用体与共用体类型的概念。
4. 熟悉共用体的定义和使用。

工作描述

运用 C 语言中结构体概念存储游戏中蛇身变化的坐标

在“贪吃蛇小游戏”设计中，用定义蛇身的结构体储存蛇身坐标。参考程序如下：

```
struct snake
  {
    int number;
    int snake_x;
    int snake_y;
  };
  struct snake a[(M-2)*(N-2)];
  void build_snake(struct snake *snake,int s,int *sx,int *sy)
  //sx,sy 蛇头的位置
  {
    for(int i=s;i>=0;i--)
    {
```

```
            if(i==0) {
                (snake+i)->number=i;
                (snake+i)->snake_x=*sx;
                (snake+i)->snake_y=*sy;
            }else{
                (snake+i)->number=i;
                (snake+i)->snake_x=(snake+i-1)->snake_x;
                (snake+i)->snake_y=(snake+i-1)->snake_y;
            }
        }
    }
```

这段代码是“贪吃蛇小游戏”设计中的一部分，其作用是定义蛇身的结构体，并创建蛇身的坐标体系。初始状态，蛇身和蛇头的坐标位置相同，当蛇头吃到食物后，蛇身的长度加 1，当前蛇头的位置（也是食物的位置）变成蛇身。程序中，struct snake 就是定义的名为 snake 的结构体，结构体中有三个成员，分别是 int number、int snake_x 和 int snake_y，用于记录蛇身的序号和横、纵坐标，struct snake a[(M−2)*(N−2)]用于定义结构体变量，a 是一个长度为(M−2)*(N−2)的一维数组，即蛇身的最大长度可以填充方框减 2 的内部区域。

8.1 结 构 体

在现实生活中，有些数据是有内在联系的、成组出现的，如一个学生的学号、姓名、性别、年龄、成绩、地址。如果将这些数据定义为相互独立的简单变量，难以反映它们的内在联系。人们希望把这些数据组成一个组合数据，如定义一个名为 student 的变量来表示，这样使用起来就会更加方便。在 C 语言中，可以使用结构体（struct）来存放一组不同类型的数据。

8.1.1 结构体与结构体类型的定义

结构体与结构体类型的定义

一个结构体由若干个成员组成，定义的一般形式为

```
struct  结构体名
{
    类型名 1    成员名 1;
    类型名 2    成员名 2;
    ……
```

```
    类型名 n   成员名 n;
};
```

其中，struct 是关键字，结构体名和结构成员名是用户定义的标识符。注意：必须在结尾加分号，因为结构体类型定义本身为一条语句。

依此格式，可以定义以下结构体类型来描述上述学生档案的信息：

```
struct student              //声明一个结构体类型 student
{
    char num[20];           //包括一个字符数组 num,可以容纳 20 个字符
    char name[20];          //包括一个字符数组 name,可以容纳 20 个字符
    char sex;               //包括一个字符变量 sex
    int age;                //包括一个整型变量 age
    float score;            //包括一个单精度型变量 score
    char addr[30];          //包括一个字符数组 addr,可以容纳 30 个字符
};                          //最后有一个分号
```

关于结构体中的成员，有几点需要说明：

1）成员可以单独使用，作用与地位相当于同类型的普通变量。

2）成员名可以与程序中的变量名相同，二者代表不同的对象。

3）成员也可以是一个结构体变量，此时形成结构体的嵌套。ANSI C 允许嵌套 15 层，且不同层的结构体成员的名字可以相同。

例如，可以用更能准确反映学生年龄的出生日期（birthday）取代年龄（age）这一项，出生日期是由年、月、日组成的，定义为结构体类型：

```
struct birthday
{
    int day;
    int month;
    int year;
};
```

由此可以定义如下结构体类型：

```
struct person
{
    char num[20];
    char name[20];
    char sex;
    int age;
    float score;
```

```
    char addr[30];
};
```

或者可以直接写成：

```
struct person
{
    char num[20];
    char name[20];
    char sex;
    struct birthday
    {
        int day;
        int month;
        int year;
    };
    float score;
    char addr[30];
};
```

struct person 的结构如图 8-1-1 所示。

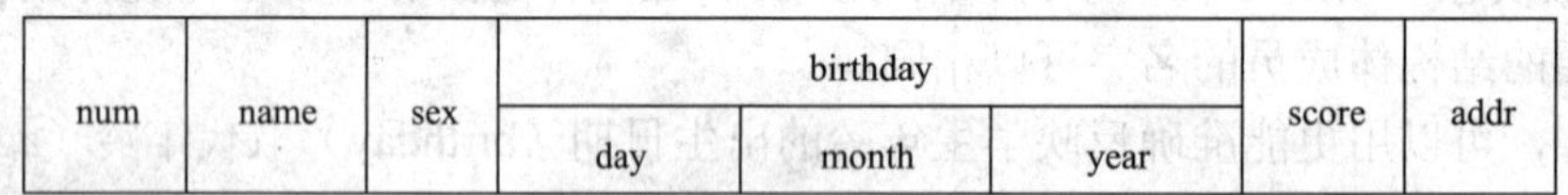

num	name	sex	birthday			score	addr
			day	month	year		

图 8-1-1 struct person 的结构

8.1.2 结构体变量的定义与初始化

1. 结构体变量的定义

结构体类型定义仅仅是声明了这些数据的结构形式，系统并没有为其分配实际内存单元，要在程序中使用结构体类型的数据，应当定义结构体变量。

定义结构体变量有以下三种方法。

（1）先定义结构体类型再定义变量

一般形式为

```
struct  结构体名
{
    类型名 1 成员名 1;
    类型名 2 成员名 2;
    ......
```

```
    类型名n 成员名n;
};
    struct 结构体名 变量名表列;
```

例如：

```
struct student
{
    char num[20];
    char name[20];
    char sex;
    int age;
    float score;
    char addr[30];
};
struct student std1,*pstd;
```

在这里，定义了一个结构体变量 std1 和一个可以指向结构体变量的指针 pstd。

在定义了结构体变量之后，系统会为之分配内存单元。例如，结构体变量 std1 在内存中占 65（即 20+2+1+2+40）字节。

（2）在定义结构体类型的同时定义变量

一般形式为

```
struct 结构体名
{
    类型名1   结构体成员名1;
    类型名2   结构体成员名2;
    ……
    类型名n   结构体成员名n;
}变量名表列;
```

例如：

```
struct student
{
    char num[20];
    char name[20];
    char sex;
    int age;
    float score;
    char addr[30];
}std1, *pstd;
```

采用这种方式时，如果在程序中只需定义结构体变量一次，即此后不需要再定义此类型的结构体变量，结构体名可以省略，student可以不写。

（3）直接定义结构体类型变量

一般形式为

```
struct
{
    类型名1    结构体成员名1;
    类型名2    结构体成员名2;
    ……
    类型名n    结构体成员名n;
}变量名表列;
```

例如：

```
struct
{
    char num[20];
    char name[20];
    char sex;
    int age;
    float score;
    char addr[30];
}std1, *pstd;
```

不出现结构体名。

2. 结构体变量的初始化

同普通变量和数组一样，结构体变量可以在定义的同时赋初值。

对结构体变量初始化，应将各成员所赋初值依照结构体类型定义中成员的顺序依次放在一对花括号中。例如：

```
struct student
{
    char num[20];
    char name[20];
    char sex;
    int age;
    float score;
    char addr[30];
}std1={"201500001","wangxiaoming",'M',18,456.0,"Chongqing"};
```

结构体变量初始化时，不允许跳过前面的成员给后面的成员赋值，但可以只给前面若干个成员赋初值，后面未赋初值的成员中，数值型和字符型的数据，系统自动赋值零。

3. 结构体变量的引用

由于结构体类型的特殊构造，结构体变量的引用也较为特殊。

定义了结构体变量之后就可以引用这个变量，但应遵守以下规则：

1）C 语言不允许将一个结构体变量作为一个整体进行输入、输出，只能对结构体变量中的各个成员分别输入、输出。例如，不能这样引用：

```
printf("%s,%ld,%c,%d,%s",std1);
```

引用结构体变量中成员的形式如下：

```
结构体变量名.成员名
```

其中，“.”是成员运算符。

例如，用 scanf 对上面定义的结构体变量 std1 进行赋值：

```
scanf("%s",std1.num);
scanf("%s",std1.name);
scanf("%c",std1.sex);
scanf("%d",std1.age);
scanf("%f",std1.score);
scanf("%s",std1.addr);
```

这里，由于成员 name 和 address 是字符数组名，本身代表地址，所以不应再用“&”运算符。

用 printf 输出结构体变量 std1 的数据：

```
printf("%s\n",std1.num);
printf("%s\n",std1.name);
printf("%c\n",std1.sex);
printf("%d\n",std1.age);
printf("%f\n",std1.score);
printf("%s\n",std1.addr);
```

2）如果成员本身又属于一个结构体类型，则要用若干个成员运算符，一级一级地找到最低一级的成员，只能对最低级的成员进行引用和操作。

假设有如下定义：

```
struct person
{
```

```
        char num[20];
        char name[20];
        char sex;
        struct date
        {
            int day;
            int month;
            int year;
        };
        float score;
        char addr[30];
    } std1;
```

则 std1.sex 引用结构体变量 std1 中的成员 sex，std1.date.day 引用结构体变量 std1 中结构体变量 date 中的成员 day。

3）允许将一个结构体变量直接整体赋值给另一个具有相同结构的结构体变量。如果有

```
    struct student
    {
        char num[20];
        char name[20];
        char sex;
        int age;
        float score;
        char addr[30];
    }std1={"201500001","wangxiaoming",'M',18,456.0,"Chongqing"},std2;
```

则以下操作是合法的：

```
    std2=std1;
```

4）结构体变量的成员可以像基本变量一样进行各种运算，例如，统计 sex 为 M 的人数（求和）、对 age 求平均值等。

4. 结构体变量应用举例

【实例 8-1-1】 输入一个学生的信息（学号、姓名、性别、年龄、成绩、住址），将信息定义在一个结构体中，然后输出到屏幕上，每个信息换行显示。

分析：

1）这里要将若干个不同数据类型的数据项（学号、姓名、性别、年龄、成绩、住

址）组织在一起，形成一条信息，需要使用结构体类型。

2）本实例是结构体变量的输入、输出。程序由哪几部分构成？如何编写程序？请思考。

3）算法为先定义结构体类型和定义结构体变量，再输入。

4）输出换行显示。

参考程序如下：

```
#include "stdio.h"
main()
{
    struct student
    {
        char num[20];
        char name[20];
        char sex;
        int age;
        float score;
        char addr[30];
    }std1={"201500001","wangxiaoming",'M',18,456.0,"Chongqing"},std2;
        printf("num=%s\n",std1.num);
        printf("name=%s\n",std1.name);
        printf("sex=%c\n",std1.sex);
        printf("age=%d\n",std1.age);
        printf("score=%f\n",std1.score);
        printf("addr=%s\n",std1.addr);
}
```

运行结果如下：

```
num=201500001
name=wangxiaoming
sex=M
age=18
score=456.0
addr=Chongqing
```

本程序的结构体类型和结构体变量的定义位于 main( )函数内部，它们的定义也可以位于 main( )函数外部，或只是结构体类型的定义位于 main( )函数外部。

8.1.3 结构体指针

结构体指针是指指向结构体的指针，包括指向结构体变量的指针和指向结构体数组的指针。一个结构体变量的指针就是该变量在内存中占有的存储单元的起始地址。设一个指针变量，用来指向一个结构体变量，这时该指针变量的值就是结构体变量的起始地址。指针变量也可以指向结构体数组中的元素。

1. 指向一个结构体变量的指针

定义结构体类型的指针变量与定义结构体变量类似，有三种方法：第一种方法为

```
struct 结构体名 *指针变量名;
```

其他两种方法可以仿此写出。

若定义了基类型为结构体类型的指针变量，则可以用成员运算符“.”和指向成员运算符“->”两种方式引用。形式如下：

```
(*指针变量名).成员名
指针变量名->成员名
```

它们与前面介绍的“结构体变量名.成员名”的引用方式等价。

假设有如下语句：

```
struct person std1,*pstd;
pstd=&std1;
```

则引用结构体变量 std1 的成员 code，可写成：

```
(*pstd).code
pstd->code
```

当然也可以用“std1. code”来引用，这种方式没有用到指针。

再强调一下，对嵌套的结构体，若要引用内层结构体的成员，必须从最外层开始，逐层使用成员名定位。例如，对结构体变量 std1 中出生年份 year 的引用可写成：

```
(*pstd).birthday.year
pstd->birthday.year
std1.birthday.year
```

下面举一个指向结构体变量的指针的例子。

【实例 8-1-2】把实例 8-1-1 的程序修改为利用指向结构体变量的指针输出已知信息。

参考程序如下：

```
#include "stdio.h"
main()
{
    struct student
    {
      char num[20];
      char name[20];
      char sex;
      int age;
      float score;
      char addr[30];
    } std1;
    struct student *p;
    p=&std1;
    strcpy(std1.num,"201500001");
    strcpy(std1.name,"wangxiaoming");
    std1.sex='M';
    std1.age=18;
    std1.score=456.0;
    strcpy(std1.addr,"Chongqing");
    printf("num=%s\n",(*p).num);
    printf("name=%s\n",(*p).name);
    printf("sex=%c\n",(*p).sex);
    printf("age=%d\n",(*p).age);
    printf("score=%f\n",(*p).score);
    printf("addr=%s\n",(*p).addr);
}
```

运行结果如下：

```
num=201500001
name=wangxiaoming
sex=M
age=18
score=456.0,
addr=Chongqing
```

显然，“(*指针变量名).成员名”和“指针变量名->成员名”两种引用方式等价。本程序的运行结果与实例 8-1-1 也相同，表明它们也与“结构体变量名.成员名”的引用方式等价。

本程序把从键盘输入数据改成了赋初值方式。

要明确以下几种运算：

p->n：得到 p 指向的结构体变量中的成员 n 的值。

p->n++：得到 p 指向的结构体变量中的成员 n 的值，用完该值后再使它加 1。

++p->n：得到 p 指向的结构体变量中的成员 n 的值加 1，然后再使用它。

2. 指向一个结构体数组的指针

下面举一个指针变量指向结构体数组的例子。

【实例 8-1-3】 把实例 8-1-2 的程序修改为利用指向结构体数组的指针完成要求的任务。

参考程序如下：

```
#include "stdio.h"
#define N 2
struct student
{
    char num[20];
    char name[20];
    char sex;
    int age;
    float score;
    char addr[30];
};
struct student std[N]={{"201500001","wang",'M',18,456.0,"Chongqing"},
{"201500002","yang",'F',19,486.0,"Sichuan"}};
main()
{
    struct student *p;
    int i,sum=0;
    float aver_score;
    for(p=std;p<std+N;p++)
    sum=sum+p->score;
    aver_score=(float)sum/N;
    printf("Num\tName\tSex\tAge\tScore\Addr\n");
    for(p=std;p<std+N;p++)
    {
        printf("%s\t",p->num);
        printf("%s\t",p->name);
```

```
        printf("%c\t",p->sex);
        printf("%d\t",p->age);
        printf("%f\t",p->score);
        printf("%s\n",p->addr);
    }
    printf("The average score =%f\n",aver_score);
}
```

运行结果如下：

```
NUM          Name       Sex        Age        Score       Address
201500001    wang       M          18         456.0       Chongqing
201500002    yang       F          19         486.0       Sichuan
The average score=471.000000
```

本程序的运行结果与实例 8-1-2 相同。

这里，p 是指向 struct student 结构体类型数据的指针变量。在第二个 for 语句中，先使 p 的初值为 std，即数组 std 的起始地址，也就是&std[0]，在第一次循环中输出 std[0]的各个成员值。然后执行 p++，使 p 自加 1，p+1 意味着 p 所增加的值为结构体数组元素 std 的 1 个元素所占的字节数，即 p 向后移动 1 个结构体数组元素。执行 p++后 p 的值等于 std+1，p 指向 std[1]的起始地址，在第二次循环中输出 std[1]的各个成员值。再次执行 p++后，p 的值等于 std+2，已经不再小于 std+2，因而结束循环。

注意：

1）如果 p 的初值为 std，即指向第一个结构体数组元素，则 p+1 后 p 就指向下一个结构体数组元素的起始地址。例如:

(++p)->num 先使 p 自加 1，然后指向它指向的元素中的 num 成员值（即 201500001）。

(p++)->num 先得到 p->num 的值（即 201500002），然后使 p 自加 1，指向 std[1]。

2）p 定义为指向 struct student 类型的数据，它只能指向一个 struct student 类型的数据，而不应指向 std 数组元素中的某一个成员。例如，下面的用法是错误的:

```
p=std[1].num;
```

8.1.4　函数间结构体数据的传递

方法 1：用结构体变量的成员作参数。例如，用 stu[1].num 或 stu[2].name 作函数实参，将实参值传给形参。

方法 2：用结构体变量作实参。用结构体变量作实参时，采取的也是“值传递”的方式，将结构体变量所占的内存单元的内容全部按顺序传递给形参，形参也必须是同类型的结构体变量。

方法3：用指向结构体变量（或数组元素）的指针作实参，将结构体变量（或数组元素）的地址传给形参。

【实例 8-1-4】 编制一个复数乘法函数，采用值传递的方法传送数据。

参考程序如下：

```
struct complex              //定义存放复数的结构体类型
{ float re;                 //re成员用于存放复数的实部
  float im;                 //im成员用于存放复数的虚部
};
struct complex multiplier(struct complex  cx,struct complex cy)
{    struct complex cz;
     cz.re=cx.re*cy.re-cx.im*cy.im;
     cz.im=cx.re*cy.im+cx.im*cy.re;
     return(cz);
}
```

说明：形参是结构体变量。调用此函数时，系统将分别为形参 cx 和 cy 各分配一个 sizeof (struct complex) 大小的内存空间，每个成员都要一一传递。

```
main()
{    struct complex x,y,z;
     x.re=3.2;
     x.im=1.5;
     y.re=2.7;
     y.im=4.6;
     z=multiplier(x,y);
     printf("%f+%fi\n",z.re,z.im);  //以复数形式输出
}
```

【实例 8-1-5】 编制一个复数乘法函数，采用传递指针的方法达到传送数据的目的。

```
struct complex
{float re,im;};
void multiplier(struct complex *px,struct complex *py,struct complex *pz)
{pz->re=px->re*py->re-px->im*py->im;
  pz->im=px->re*py->im+px->im*py->re;
}
```

说明：形参定义为指针型参数。函数调用时，实参传递的是结构体指针（地址），因此形参 px、py 可读取主调函数中变量的内容，乘积结果也可通过形参 pz 指针存储到

主调函数的目标变量中。

这样实参与形参之间的数据传递由多值（每个成员的值）变成了单值（结构体变量的首地址）。

```
main( )
{     struct complex x,y,z;
      x.re=3.2;
      x.im=1.5;
      y.re=2.7;
      y.im=4.6;
      multiplier(&x,&y,&z);
      printf("(%f+%fi)*(%f+%fi)=%f+%fi\n",x.re,x.im,y.re,y.im,z.re,z.im);
}
```

8.2 共 用 体

8.2.1 共用体与共用体类型的定义

结构体类型解决了如何描述一个逻辑上相关但数据类型不同的一组分量的集合。

在需要节省内存空间时，C 语言还提供了一种由若干个不同类型的数据项组成但共享同一存储空间的构造类型。

结构体和共用体的区别在于：结构体的各个成员会占用不同的内存，相互之间没有影响；而共用体的所有成员占用同一段内存，修改一个成员会影响其余所有成员。

注意：结构体占用的内存大于等于所有成员占用的内存的总和（成员之间可能会存在缝隙），共用体占用的内存等于最长的成员占用的内存。共用体使用了内存覆盖技术，同一时刻只能保存一个成员的值，如果对新的成员赋值，就会把原来成员的值覆盖掉。

共用体类型定义的一般形式为

```
union 共用体名
{
    类型名 1          共用体成员名 1;
    类型名 2          共用体成员名 2;
    ……
    类型名 n          共用体成员名 n;
};
```

其中，union 是关键字，共用体名和共用体成员名都是用户定义的标识符，共用体中的成员可以是简单变量，也可以是数组、指针、结构体和共用体。

例如：

```
union data{
int n;
char ch;
double f;
};
```

定义了一个 union data 共用体类型。共用体类型定义不分配内存空间，只是说明此类型数据的组成情况。

8.2.2 共用体变量的定义与引用

1. 共用体变量的定义

共用体变量的定义和结构体变量相似，可以先定义共用体类型，再定义变量，也可以在类型定义的同时定义变量，还可以直接定义共用体变量。

（1）利用已定义的共用体类型名定义变量

```
union 共用体名   变量名表;
```

例如:

```
union data  d1,d2;
```

注意：按照共用体类型的组成，系统为定义的共用体变量分配内存单元。共用体变量所占内存的大小等于共用体中长度最长的成员所占内存的大小。

（2）在定义共用体类型的同时定义变量

```
union  共用体名
    {
      成员定义表;
    }变量名表;
```

例如:

```
union data
{
    int i;
    char ch;
    float f;
}a, b, c;
```

（3）直接定义共用体类型变量

```
union
{
 成员定义表;
}变量名表;
```

例如：

```
union
{
    int i;
    char ch;
    float f;
}
```

共用体变量也可以在定义时进行初始化，但只能给出第一个成员的初值。例如：

```
union intchar
{
    int i;
    char ch[3];
}v={3};
```

2. 共用体变量成员的引用

例如：

```
union data
{
    char u1;
    int u2;
}x,*p=&x;
```

1）用共用体变量名的引用形式：

```
x.u1      x.u2
```

2）用共用体指针变量的引用形式：

```
(*p).u1    (*p).u2
p->u1      p->u2
```

8.2.3 共用体的特点

1）同一个内存段可以用来存放几种不同类型的成员，但是在每一瞬间只能存放其中的一种，而不是同时存放几种。换句话说，每一瞬间只有一个成员起作用，其他的成员不起作用，即不是同时都在存在和起作用。

2）共用体变量中起作用的成员是最后一次存放的成员，在存入一个新成员后，原有成员就失去了作用。

3）共用体变量的地址和它的各成员的地址都是同一地址。

4）不能对共用体变量名赋值，也不能企图引用变量名来得到一个值。

5）共用体类型可以出现在结构体类型的定义中，也可以定义共用体数组。反之，结构体也可以出现在共用体类型的定义中，数组也可以作为共用体的成员。

6）共用体变量的初始化。

```
union data a=b;                 //把共用体变量初始化为另一个共用体
union data a={123};             //初始化共用体为第一个成员
union data a={.ch='a'};         //指定初始化项目,按照 C99 标准
```

7）共用体变量也可以作为函数的参数和返回值。

8.2.4 共用体应用举例

【实例 8-2-1】 下列程序的运行结果是什么？注意观察。

```
#include <stdio.h>
void  main()
{
   union zj
   {
      int a;
      char ch[2];
   }au;
   au.ch[0]=42;au.ch[1]=0;
   printf("%d\n",a)
}
```

运行结果如下：

```
42
```

分析：我们对共用体中的成员 ch 进行了赋值，结果输出的是成员 a 的值，所以证明它们是共用地址的。

8.3　实践训练：实现存储游戏中蛇身变化的坐标

运用 C 语言编写程序实现存储“贪吃蛇小游戏”中蛇身变化的坐标。

【分析】

蛇头的坐标位置存储很简单，只需要指定其横、纵坐标即可，但蛇身不同，随着游戏分数的不断增加，蛇身的长度也越来越长，并且还要随着蛇头运动一起移动，如果单纯通过数组来解决蛇身位置的存储和改变，将变得异常困难。通过前面学到的知识很难再进行蛇身坐标的处理了，这就需要我们掌握结构体的相关知识后，用定义蛇身的结构体储存蛇身坐标。

程序中，由于蛇身存储在结构体数组中，要想实现蛇头和蛇身的移动，首先需要知道新蛇头的坐标位置和当前蛇身的长度，有了这几个数据后，就可以对当前结构体数组中每一个元素的成员依次进行更改。修改坐标时，从结构体数组中的最后一个元素（蛇尾）开始，使它的坐标等于倒数第二个元素的值，依此类推，使第二个元素等于第一个元素的值，而第一个元素的值（蛇头）则替换为新蛇头的坐标，整个更改的过程根据蛇身的长度进行循环赋值，这也是为什么需要知道新蛇头的坐标位置和当前蛇身的长度的原因。

【编程】

参考程序如下：

```
struct snake
{
    int number;
    int snake_x;
    int snake_y;
};
struct snake a[(M-2)*(N-2)];
void build_snake(struct snake *snake,int s,int *sx,int *sy)
//sx,sy 蛇头的位置
{
    for(int i=s;i>=0;i--)
    {
       if(i==0) {
          (snake+i)->number=i;
          (snake+i)->snake_x=*sx;
```

```
                (snake+i)->snake_y=*sy;
            }else{
                (snake+i)->number=i;
                (snake+i)->snake_x=(snake+i-1)->snake_x;
                (snake+i)->snake_y=(snake+i-1)->snake_y;
            }
        }
    }
```

【运行结果】

程序运行结果如图 8-3-1 所示。

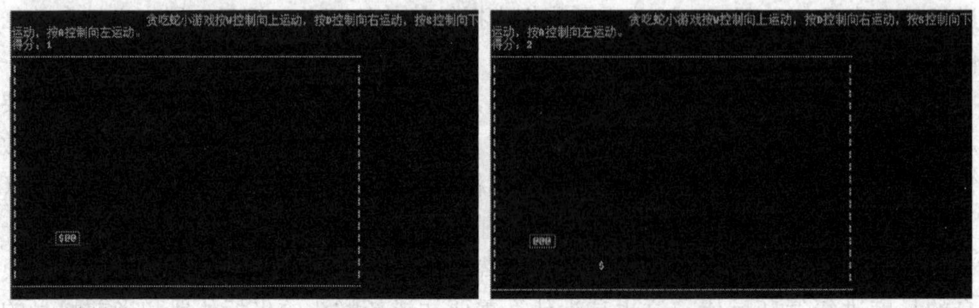

图 8-3-1　程序运行结果

习　　题

一、选择题

1．设有定义语句“struct{int x; int y;} d[2]={ { 1,3}, {2,7} };”，则“printf("%d\n", d[0].y/d[0].x*d[1].x);”的输出是（　　）。

A．0　　B．1　　C．3　　D．6

2．设有定义语句“enum term {my,your=4,his,her=his+10};”，则“printf ("%d, %d, %d,%d",my,your,his,her);”的输出是（　　）。

A．0,1,2,3　　B．0,4,0,10　　C．0,4,5,15　　D．1,4,5,15

3．以下对枚举类型名的定义中正确的是（　　）。

A．enum　a= {one,two,three};　　B．enum　a　{a1,a2,a3};

C．enum　a= {'1','2','3');　　D．enum　a　{"one","two","three"};

4．若有如下定义，则“printf("%d\n",sizeof(them));”的输出是（　　）。

```
typedef union{long x[2];int y[4];char z[8];}MYTYPE;
MYTYPE them;
```

A. 32　　B. 16　　C. 8　　D. 24

5. 若有如下声明和定义：

```
typedef union{long i;int k[5];char c;}DATE;
struct date{int cat;DATE cow;double dog;}too;
DATE max;
```

则下列语句的执行结果是（　　）。

```
printf("%d",sizeof(structdate)+sizeof(max));
```

A. 26　　B. 30　　C. 18　　D. 8

6. 根据下面的定义，能输出字母 M 的语句是（　　）。

```
struct person {char name[9];int age;};
struct person c[10]={"John",17,"Paul",17,"Mary",18,"Adam",16};
```

A. printf("%c",c[3].name);　　B. printf("%c",c[3].name[1]);

C. printf("%c",c[2].name[1]);　　D. printf("%c",c[2].name[0]);

7. 设有如下定义，则对 data 中的成员 a 的正确引用是（　　）。

```
struct sk{int a; float b;}data,*p=&data;
```

A. (*p).data.a　　B. (*p).a　　C. p->data.a　　D. p.data.a

8. 设有以下说明语句，则下面的叙述中不正确的是（　　）。

```
struct ex
{  int x;
   float y;
   char z;
}example;
```

A. struct 是结构体类型的关键字　　B. example 是结构体类型名

C. x,y,z 都是结构体成员名　　D. struct ex 是结构体类型

9. 设有以下说明语句，则下面叙述中正确的是（　　）。

```
typedef struct
{  int a;
   char c[10];
} ST;
```

A. ST 是结构体变量名　　B. ST 是结构体类型名

C．typedef struct 是结构体类型名　　　　D．struct 是结构体类型名

10．有以下定义，能输出字母 M 的语句是（　　）。

```
struct person
{  char name[9];
   int age;
};
struct person class[10]={"ohu",17,"Paul",19, "Mary",18, "Adam",16};
```

A．printf("%c\n",class[3].name[0]);　　　　B．printf("%c\n",class[3].name[1]);

C．printf("%c\n",class[2].name[1]);　　　　D．printf("%c\n",class[2].name[0]);

二、填空题

1．设有说明“struct DATE{int year;int month; int day;};”，请写出一条定义语句，该语句定义 d 为上述结构体变量，并同时为其成员 year、month、day 依次赋初值 2006、10、1：____________。

2．以下程序是用来输出结构体变量 ex 所占内存单元的字节数。请填空。

```
struct st
{  char name[20];double score;};
main()
{  struct st ex;printf("ex size:%d\n",sizeof (__________));}
```

3．已知链表的存储结构如题 3 图所示，请完成结构体类型定义。

```
struct list
{
  int data;
__________;
};
```

data	next

题 3 图

4．以下程序中函数 fun( )的功能是统计 person 所指结构体数组中所有性别（sex）为 M 的记录的个数，存入变量 n 中，并作为函数值返回。请填空。

```
#define N 3
typedef struct
{  int num;char nam[10];char sex;}SS;
int fun(SS person[])
{  int i,n=0;
   for(i=0;i<N;i++)
   if(__________ =='M') n++;
   return n;
```

```
}
main()
{  SS W[N]={{1,"AA",'F'},{2,"BB",'M'},{3,"CC",'M'}};int n;
  n=fun(W);printf("n=%d\n",n);
}
```

5. 以下程序把 3 个 NODETYPE 型的变量连接成一个简单的链表，并在 while 循环中输出链表结点数据域中的数据。请填空。

```
struct  node
{  int data;struct node *next;};
typedef struct node NODETYPE;
main()
{
    NODETYPE  a,b,c, *h, *p;
    a.data=10;b.data=20;c.data=30;
    h=&a;
    a.next=&b;b.next=&c;c.next='\0';
    p=h;
    while(p) {printf("%d, ",p->data);___________;}
    printf("\n");
}
```

6. 若有如下结构体说明：

```
struct STRU
{   int a,b;char c;double d;  struct STRU p1,p2;};
```

请填空，以完成对数组 t 的定义，数组 t 的每个元素为该结构体类型：_______ t[20];。

三、程序分析题

1. 阅读程序，写出运行结果。

```
struct STU
{  char name[10];int num;float TotalScore;};
void f(struct STU *p)
{    struct  STU  s[2]={{"SunDan",20044,550},{"Penghua",20045,537}},
*q=s;
    ++p;++q;*p=*q;
}
main()
{  struct STU s[3]={{"YangSan",20041,703},{"LiSiGuo",20042,580}};
```

```
f(s);
printf("%s %d %3.0f\n",s[1].name,s[1].num,s[1].TotalScore);
```

2. 阅读程序，写出运行结果。

```
struct st
{  int x;int y;} *p;
main()
{  int dt[4]={10,20,30,40};
   struct st aa[4]={50,dt[0],60,dt[0],60,dt[0],60,dt[0]};
   p=aa;
   printf("%d\n",++(p->x));
}
```

3. 阅读程序，写出运行结果。

```
struct NODE
{  int num; struct NODE *next;};
main()
{  struct NODE s[3]={{1,'\0'},{2,'\0'},{3,'\0'}},*p,*q,*r;
   int sum=0;
   s[0].next=s+1;s[1].next=s+2;s[2].next=s;
   p=s;q=p—>next;r=q—>next;
   sum+=q—>next—>num;sum+=r—>next->num;
   printf("%d\n",sum);
}
```

4. 阅读程序，写出运行结果。

```
struct  A
{  int a;char b[10];double c;};
   void  f(struct  A  *t);
main()
{  struct  A a={1001,"ZhangDa",1098.0};
   f(&a);
   printf("%d,%s,%6.1f\n",a.a,a.b,a.c);
}
void  f(struct  A  *t)
{ strcpy(t->b,"ChangRong");}
```

项目 9
文件在程序设计中的应用

学习目标

1. 了解文件的概念。
2. 熟悉文件的打开与关闭方法。
3. 熟练掌握文本文件的读写方法。

工作描述

保存“贪吃蛇小游戏”的得分

每局游戏结束后，都会有一个最终得分输出到屏幕上（图 9-0-1），如果不进行处理，关闭对话框后得分信息则会丢失。若要永久保存得分信息，需要运用 C 语言中的“文件”概念将内存中的缓存数据写入文本中进行长期存储。该功能暂未在程序中实现，读者可以在学习完本章课程后自行编程实现相应功能。

图 9-0-1　输出游戏得分

9.1 文件基础知识

9.1.1 文件和文件指针

1. 文件的概念

文件是一组相关数据的有序集合。每个文件都有一个唯一的文件名。文件是外存中保存信息的最小单位。文件这个概念，对我们来说并不陌生，在前面的学习中已经使用了多次，如源程序文件、目标文件、可执行文件、库文件（头文件）等。文件通常是驻留在外部介质（如磁盘等）上的，在使用时才被调入内存中。

例如，程序文件中保存着程序，数据文件中保存着数据。表 9-1-1 所示为常见的文件格式。

表 9-1-1 常见的文件格式

文件格式	含义	具体文件类型
*.c	C 语言的源程序	文本文件
*.obj	目标文件	二进制文件
*.exe	可执行文件	二进制文件

2. 文件的存储特性

文件是一个有序的数据序列。C 语言把文件作为一个字符（字节）序列处理，对文件的存取是以字符（字节）为单位进行的。

在 C 语言中，把每台与主机相连的输入/输出设备都看作一个文件，即把实际的物理设备抽象为逻辑文件，它们被称为设备文件。也就是说，对外部设备的输入/输出就是对设备文件的读写。常见硬件设备所对应的文件如表 9-1-2 所示。

表 9-1-2 常见硬件设备所对应的文件

文件	硬件设备
stdin	标准输入文件，一般指键盘；scanf( )、getchar( ) 等函数默认从 stdin 获取输入
stdout	标准输出文件，一般指显示器；printf( )、putchar( ) 等函数默认向 stdout 输出数据
stderr	标准错误文件，一般指显示器；perror( ) 等函数默认向 stderr 输出数据（后续会讲到）
stdprn	标准打印文件，一般指打印机

3. 文件的分类

在 C 语言中，文件被看成是由一个一个的字符或字节组成的，它有以下三种分类方式。

（1）按存储介质分类

1）普通文件：存储介质文件，如磁盘、磁带。

2）设备文件：非存储介质，如键盘、打印机、显示器。

（2）按文件的逻辑结构分类

1）流式文件：由一个个字符（字节）数据顺序组成，如视频流。

2）记录文件：有具有一定结构的记录组成，如 Word 文件、PDF 文件。

（3）按数据的组织形式分类

1）文本文件：ASCII 文件，每字节存放一个字符的 ASCII 码（TXT 文件）。

2）二进制文件：数据按其在内存中的存储形式原样存储（EXE 文件）。

文本文件又被称为 ASCII 文件，文本文件在磁盘中存放时每个字符对应 1 字节，用于存放其对应的 ASCII 码。文本文件可在屏幕上按字符显示，如源程序文件就是文本文件。由于文本文件在输出时能以字符形式显示文件的原有内容，因此人们能读懂文件内容，但它占用的存储空间比较大。

二进制文件是将数据转换成二进制形式后存储起来的文件。二进制文件虽然也可在屏幕上显示，但其内容无法被人读懂。它保持了数据在内存中存放的原有格式，由于二进制文件可以不经过转换直接和内存通信，因此处理起来速度较快。

例如，将整数 1949 分别存储在 ASCII 文件和二进制文件中，如图 9-1-1 和图 9-1-2 所示。

ASCII 文件：ASCII 码，占用 4 字节。

00110001	00111001	00110100	00111001
'1'	'9'	'4'	'9'

图 9-1-1　整数 1949 对应的 ASCII 码

二进制文件：补码，占用 2 字节。

00000111	10011101

图 9-1-2　整数 1949 对应的二进制数

9.1.2　文件的打开与关闭

操作文件的一般步骤如下：

1）打开文件，建立用户程序与文件的联系，为文件分配一个文件缓冲区。

2）读写文件，指对文件的读、写、追加和定位操作。

3）关闭文件，切断文件与程序的联系，释放文件缓冲区。

注意：C语言的输入/输出函数库中提供了大量的函数，用于完成对数据文件的建立、数据的读写、数据的追加等操作。在程序中调用这些函数时，必须先用 include 命令包含 stdio.h 文件。

1. 文件打开函数 fopen( )

常用的调用形式为

```
FILE  *fp;
fp=fopen(文件名, 文件使用方式);
```

其中，文件名指需要打开的文件名称（字符串）；文件使用方式是具有特定含义的符号。

功能描述：按指定的文件使用方式打开指定的文件。若文件打开成功，为该文件分配一个文件缓冲区和一个 FILE 类型变量，返回一个 FILE 类型指针；若文件打开失败，返回 NULL。

（1）文本文件的三种基本使用方式

1）"r"：只读方式。为读（输入）文本文件打开文件。若文件不存在，返回 NULL。

2）"w"：只写方式。为写（输出）文本文件打开文件。若文件不存在，则建立一个新文件；若文件已存在，则清空文件。

3）"a"：追加方式。为写（输出）文本文件打开文件。若文件已存在，则保持原来文件的内容，将新的数据增加到原来数据的后面；若文件不存在，则返回 NULL。

（2）二进制文件的三种基本使用方式

1）"rb"：只读方式。为读（输入）二进制文件打开文件。若文件不存在，返回 NULL。

2）"wb"：只写方式。为写（输出）二进制文件打开文件。若文件不存在，则建立一个新文件；若文件已存在，则清空文件。

3）"ab"：追加方式。为写（输出）二进制文件打开文件。若文件已存在，则保持原来文件的内容，将新的数据增加到原来数据的后面；若文件不存在，则返回 NULL。

（3）文件的其他打开方式

1）"r+"：可以对文本文件进行读/写操作。若文件不存在，返回 NULL；若文件存在，内容不被清空。

2）"w+"：可以对文本文件进行读/写操作。若文件已经存在，则先清空文件原来的内容。

3）"a+"：可以对文本文件进行读/追加操作。文件内容不会清空。

4）"rb+"：可以对二进制文件进行读/写操作。

5）“wb+”：可以对二进制文件进行读/写操作。

6）“ab+”：可以对二进制文件进行读/追加操作。

（4）检查文件打开操作是否成功的方法

```
if((fp=fopen("filename","w"))==NULL){
    printf("Cannot open file.");
    exit(0);
}
```

检查以写的方式打开文件名为 filename 的文件是否成功。

注意：exit( )函数的作用是结束程序的执行，并将实参 0 作为函数返回值传给操作系统。

2. 文件关闭函数 fclose( )

常用的调用形式为

```
FILE  *fp;
fclose(fp);
```

其中，fp 指已经打开的文件指针。

函数功能：关闭 fp 指定的文件，释放该文件的缓冲区。

FILE 类型变量及文件指针。

若文件关闭成功，则返回 0；若文件关闭失败，则返回非 0 值。

9.2　文本文件的读写

9.2.1　文件的字符输入/输出函数

文件的字符输入/输出函数

1. 字符输入函数 fgetc( )（或 getc( )）

常用的调用形式为

```
FILE  *fp;
ch=fgetc(fp);
```

其中，ch 可以是字符变量或整型变量；fp 是文件指针变量。

与用于 stdin 的 getchar( )函数相似，获得文件指针指向文件位置的下一个字符，如果下一个字符不存在，则返回 EOF。

getc( )函数与 fgetc( )函数的功能相同。在 stdio.h 文件中被定义为#define getc(f) fgetc(f)。

【实例 9-2-1】 利用 fputc( )和 fgetc( )函数建立一个文本文件，并显示文件中的内容。

```
#include <stdio.h>
main()
{
    FILE *fp;                               //定义一个文件指针变量 fp
    int c;                                  //c 为存放字符的变量
    char filename[40];                      //filename 用于存放数据文件名
    printf("filename: ");                   //提示输入文件名
    gets(filename);
    if((fp=fopen(filename,"w"))==NULL)
    {
        printf("Can't open the %s\n", filename);
        exit(0);
    }
    while((c=getchar())!=EOF) {
          //键盘文件结束标志
          putc(c,fp);                       //将键盘输入的字符写到文件中
    }
    fclose(fp);                             //建立文件结束,关闭文件
    printf("outfile:\n");
    fp=fopen(filename,"r");                 //以读方式打开文本文件
    while((c=getc(fp))!=EOF) {              //未读到文件结束标志时
        putchar(c);                         //在显示器显示读出的字符
    }
    fclose(fp);                             //读文件结束,关闭文件
}
```

2. 字符输出函数 fputc( )（或 putc( )）

常用的调用形式为

```
FILE  *fp;
fputc(ch,fp);
```

其中，ch 指需要输出的字符，可以是字符常量或字符变量；fp 指文件指针变量。

与用于 stdout 的 putchar( )函数相似，将 ch 写入文件指针，指向文件位置的下一个字符，若成功，则返回 ch 的 int 值；若失败，则返回 EOF（系统定义的文本文件结束标

志，其值为-1）。

putc( )函数与 fputc( )函数的功能相同。在 stdio.h 文件中被定义为#define putc(c,f) fputc((c),f)。

9.2.2　文件结束测试函数

常用的调用形式为

```
FILE  *fp;
feof(fp);
```

其中，fp 是文件指针变量。

函数功能：测试 fp 所指向的文件是否已读到文件尾部。若该文件没有结束，则返回 0；若文件结束，则返回非 0 值。

【实例 9-2-2】 复制一个磁盘文件。

参考程序如下：

```
#include <stdio.h>
main()
{
    FILE *infp,*outfp;
    char infile[40],outfile[40];
    int ch;
    printf("input filename:");
    scanf("%s",infile);
    printf("output filename:");
    scanf("%s",outfile);
    if((infp=fopen(infile,"r"))==NULL)          //打开源程序文件
    {
       printf("infile open error.\n");
       exit(0);
    }
    if((outfp=fopen(outfile,"w"))==NULL)        //打开目标文件
    {
       printf("outfile open error.\n");
       exit(0);
    }
    ch=fgetc(infp);                             //从源程序文件中读一个字符
    while(!feof(infp))                          //源程序文件未读完
    {
      fputc(ch,outfp);                          //复制文件
```

```
        ch=fgetc(infp);
      }
      fclose(infp);
      fclose(outfp);
    }
```

9.2.3 文件的字符串输入/输出函数

1. 文件的字符串输出函数 fputs( )

常用的调用形式为

```
int fputs(char *s,FILE *fp)
```

将 s 指向的字符串写入 fp 指向的流中，s 必须以'\0'结尾，若成功，则返回 0；若失败，则返回 EOF。

注意：fputs( )与 puts( )函数的功能类似，它们的区别在于 puts( )函数能将字符串的结束标志'\0'转换成'\n'输出，因此字符串在显示器输出后，光标移至下一行；而 fputs( )函数对字符串结束标志'\0'的处理仅仅是将其舍去。

2. 文件的字符串输入函数 fgets( )

常用的调用形式为

```
char *fgets(char *s,int max,FILE *fp)
```

从 fp 指向的输入流中读取，直到文件中出现\n，\n 也会被读入文件中（并自动在\n 后添加\0）。s 必须保证有足够的大小去容纳输入的字符串（包括自动添加在结尾的\0）。如果读取的长度大于 max-1，最多有 max-1 个字符会被读取，第 max 个字符为\0；如果读取失败或者读到 EOF 返回 NULL，stdout 会在调用该函数后自动刷新。

注意：fgets( )与 gets( )函数的区别在于 gets( )函数以换行符作为行结束标志，并舍去换行符。fgets( )函数也以换行符作为行的读结束标志，但换行符同时还作为字符串的内容。因此可将含有换行符的文本文件看作由一行一行字符组成。例如，应用 fputs( )和 fgets( )函数建立和读取文本文件。

```
#include "stdio.h"
#include "string.h"
main()
{
    FILE *fp;                                   //定义一个文件指针变量 fp
    char filename[40],str[100];
```

```
    printf("filename: ");                               //提示输入磁盘文件名
    gets(filename);
    if((fp=fopen(filename,"w"))==NULL){                 /*在磁盘中新建并打开一个文
                                                         本文件,同时测试是否成功*/
        printf("Can't open the %s\n",filename);
        exit(0);
    }
    while(strlen(gets(str))>0){   /*键盘输入空串（即仅输入回车），则输入全部
                                                                    结束*/
        fputs(str,fp);                 //将键盘输入的字符串写到文件中
        fputc('\n',fp);                //在文件中加入换行符作为字符串分隔符
    }
    fclose(fp);                        //建立文件结束,关闭文件
    printf("outfile:\n");
    fp=fopen(filename,"r");            //以读方式打开文本文件
    while((fgets(str,100,fp))!=NULL){   /*从文件读取字符串并测试文件是否已
                                                                  读完*/
        printf("%s",str);              //将文件中读取的字符串分行显示
    }
    fclose(fp);                        //读文件结束,关闭文件
}
```

9.2.4　文件的格式输入/输出函数

1. 文件格式输出函数 fprintf( )

常用的调用形式为

```
int fprintf(FILE *stream,const char *format,[argument]…);
```

stream：输出流，指向读取文件的指针，如果在此传入 stdout，那么等价于 printf（C 语言将文件和输入/输出设备等价）。根据指定的格式向输出流写入数据，若成功，则返回写入文件的字符个数；若失败，则返回一个负数。

注意：与标准文件的格式输入/输出函数 scanf( )和 printf( )相对应，文本文件也有格式输入/输出函数 fscanf( )和 fprintf( )。它们的功能和格式基本相同，不同之处在于 scanf( )和 printf( )的读写对象是终端（键盘和显示器），fscanf( )和 fprintf( )的读写对象是磁盘文件。

2. 文件格式输入函数 fscanf( )

常用的调用形式为

```
int fscanf(FILE *stream,const char *format,[argument…]);
```

stream：输入流，可传入指向读取文件的指针。如果在此传入 stdin，那么等价于 scanf（C 语言将文件和输入/输出设备等价）。根据指定的格式（format）向输入流（stream）写入数据（argument），若成功，就返回读取到的字符个数；若失败，则返回 EOF。

【实例 9-2-3】 从标准输入中读取一个整数。

```
#include <stdlib.h>
#include <stdio.h>
int main(void)
{
    int i;
    printf("Input an integer:");
    if(fscanf(stdin,"%d",&i)) {
        printf("The integer read was:%d\n",i);
    }
    else {
        fprintf(stderr,"Error reading an integer from stdin.\n");
        exit(1);
    }
    return 0;
}
```

9.3 实践训练：文件的读写操作

运用 C 语言编写程序将“贪吃蛇小游戏”的得分写入文件中。

【分析】

游戏结束后，屏幕上会输出相应的游戏得分，在这个函数中引用的变量就是需要写入文件的得分，然后就是文件的打开、写入和关闭。在写入文件时，需要使用的写入方式为“追加”，否则以前的得分记录无法保存。printf( )函数的主要功能是按一定的格式将数据显示在（输出到）屏幕上，将数据写入 TXT 文档（此文档一定要存在）的较好方法是使用函数 fput( )或 fputs( )，前者是一次写入一个字符，后者是一次写入一个字符串。

【编程】

参考程序如下：

```
#include <stdio.h>
void main()
{   FILE *fp;
    int i;
    if((fp=fopen("result.txt","w"))==NULL)   //用 fopen()函数打开文件
    {printf("Wrong write.");exit(0);}
    else
        fprintf(fp,"%d\n",n);
            //fp 表示文件流变量，"%d"表示写入格式，n 表示要写入的数据（得分）
    fclose(fp);
}
```

【运行结果】

程序运行结果如图 9-3-1 所示。

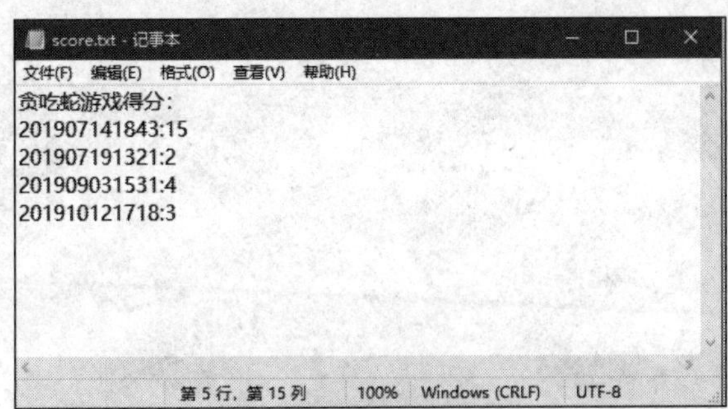

图 9-3-1　程序运行结果

习　　题

1．写入字符“Very good C Language!”到指定文件 test1.txt，并读写在屏幕上，按 Esc 键退出程序。

2．编写读文件程序。文件名为 test1.txt，内容为

```
PI=3.1415926
Year=2016
```

读浮点数文件操作。

3．编写“文件”菜单，含有“打开”“保存”“退出”三个子菜单。

4．编写串口程序：用 C 语言实现整数、浮点数串口通信。

参 考 文 献

何钦铭，颜晖，2015. C语言程序设计[M]. 3版. 北京：高等教育出版社.

刘宇容，张文梅，2016. C语言程序设计：任务驱动式教程[M]. 北京：电子工业出版社.

萨日那，孙欢，2015. C语言程序设计教学做一体化教程[M]. 北京：北京交通大学出版社.

谭浩强，2017. C程序设计[M]. 5版. 北京：清华大学出版社.

王建中，马力，何东，2016. C语言程序设计[M]. 北京：中国铁道出版社.

朱鸣华，罗晓芳，董明，等，2019. C语言程序设计习题解析与上机指导[M]. 3版. 北京：机械工业出版社.